北京市碳排放研究

Carbon Emission Study in Beijing

唐葆君　胡玉杰　周慧羚　著

科学出版社

北　京

内 容 简 介

21世纪以来全球极端天气事件频发,气候变化问题成为人类发展的巨大挑战,与人类使用能源与排放活动密切相关。中国作为世界上最大的发展中国家、第一大能源消费和二氧化碳排放国家,其节能减排问题备受关注。首都北京是中国的超大型中心城市,其经济发展迅速,能源需求旺盛,历史排放严重,且面临着资源匮乏、环境污染、交通拥堵等一系列问题,成为学术界及政府共同关注的节能减排、低碳可持续发展的焦点。

本书立足于中国能耗及碳排放的现实背景,选取我国的首都北京作为低碳发展的研究对象,从能源利用与碳排放问题入手,研究北京市能源消费与二氧化碳排放的特点、基于三大产业视角的北京市能源消费影响因素、低碳约束下北京市工业部门发展能力评估、北京市交通运输业的能源消费影响因素、北京市电力部门碳排放及能源消费的影响因素、居民消费对能源消费及二氧化碳排放的影响、北京市碳市场的运行绩效与成熟度评估等重要问题,论述每个问题的研究思路、模型方法、数据处理,并对结论进行详细阐述,以政策分析为导向,提出对北京市低碳经济发展具有价值的参考建议。

本书可供从事城市低碳发展路径、应用经济、管理科学、环境与资源科学、能源经济等方面研究的技术人员、管理人员、科研工作者阅读和参考,也可作为高等院校相关专业的研究生、本科生和教师的参考教材,有重要的科学意义和广泛的应用价值。

图书在版编目(CIP)数据

北京市碳排放研究=Carbon Emission Study in Beijing/唐葆君,胡玉杰,周慧羚著. —北京:科学出版社,2016.11
ISBN 978-7-03-050292-6

Ⅰ.①北… Ⅱ.①唐…②胡…③周… Ⅲ.①二氧化碳-排气-研究-北京
Ⅳ.①X511

中国版本图书馆 CIP 数据核字(2016)第 258134 号

责任编辑:耿建业 陈构洪 陈 琼 / 责任校对:郭瑞芝
责任印制:张 伟 / 封面设计:铭轩堂

科学出版社 出版
北京东黄城根北街 16 号
邮政编码:100717
http://www.sciencep.com
北京中石油彩色印刷有限责任公司印刷
科学出版社发行 各地新华书店经销

＊

2016 年 11 月第 一 版 开本:720×1000 1/16
2016 年 11 月第一次印刷 印张:12
字数:229 000
定价:88.00 元
(如有印装质量问题,我社负责调换)

前　　言

随着中国工业化、城镇化进程的加快推进，能源需求不断增长，资源环境承载能力已经达到或接近上限，特别是京津冀地区，高耗能、高污染行业相对集聚，环保减排压力倍增。首都北京作为中国的超大型中心城市，更面临着交通拥堵、资源匮乏、环境污染等一系列问题。党的十八届五中全会再次强调要坚持资源节约和环境保护的基本国策，坚持绿色发展，推动建立绿色循环低碳的产业发展体系。这对北京的节能低碳工作提出了更高要求。

发展低碳经济是突破北京市资源与环境约束的必然选择。城市低碳经济作为一种新的经济发展模式，旨在倡导一种以低能耗、低污染、低排放为基础的经济模式，涉及城市经济发展中的生产、分配、交换和消费等各个环节。按照《北京市国民经济和社会发展第十三个五年规划纲要》，绿色宜居类指标超过经济类指标，放在了更加重要的位置。"十三五"规划期间，北京市需要在保障城市经济高速发展的前提下，严格控制化石能源消费和碳排放增长，狠抓重点领域和关键环节，持续完善市场化机制，继续强化节能减排基础工作，实现北京市经济、社会、环境协调可持续发展。

本书出版正值"十三五"规划开局之年，期望书中研究成果能够助力北京城市建设，推动低碳经济发展取得新突破。本书从产业发展与二氧化碳排放的角度入手，分析北京市三大产业及主要行业的能源消费和碳排放情况，系统研究其影响因素，为北京市的产业发展和低碳减排工作提供政策参考。本书研究的主要问题如下。

（1）能源消费与二氧化碳排放研究。

中国面临着能源消费与二氧化碳排放总量不断增加的严峻形势。北京作为中国的政治与文化中心，依托于其优厚的区位优势，具备较好的低碳发展能力。面对节能减排的机遇和挑战，正确选择适合自身的低碳经济发展道路至关重要。本书全面介绍中国及北京市能源消费特点与碳排放现状，发现中国当下存在能源利用效率偏低、碳排放强度偏高等问题，北京市能耗与排放整体优于全国平均水平，但行业间差异显著。研究结果表明，北京市经济发展对碳排放起主要推动作用。

（2）北京市三大产业低碳发展研究。

北京市正处于工业企业和服务业等行业改革的关键时期。三大产业能耗约占北京市能耗总量的 80%，因此，深入分析产业端能源消费与各影响因素间的内在联系、考察重点行业的用能情况，对于提高北京市能源利用效率、优化产业结构具有重要的理论和现实意义。研究结果表明，北京市产业能耗增加的同时，能源利用效率也稳步提升；能源强度是能源消费的主要负向驱动因素。

（3）低碳约束下北京市工业部门发展能力研究。

工业部门作为主要的能源消费部门，更是降低碳排放的关键，北京市的工业部门也存在减排需求和示范责任。本书针对北京市工业部门在低碳经济导向下的发展能力与减排潜力问题，从工业的低碳约束、规模效益、发展效率和发展实力等方面建立指标体系，分别得到在单个指标下的优势行业，并在综合评价指标体系下，确定汽车制造业为北京市低碳工业的优先发展部门。

（4）北京市交通运输业低碳发展研究。

交通运输业对于地区经济发展和城市化建设具有重要作用，北京市社会及私人车辆规模快速增长，给能源消费总量控制增添了更大的挑战。通过总结梳理北京市交通运输业发展情况，发现其规模增长的同时也引起能耗快速上升，且能耗结构不尽合理。研究结果表明，人口强度对营运性道路交通能耗存在持续的负向驱动效应，而对社会及私人车辆能耗的驱动效应在逐渐降低。

（5）北京市电力部门低碳发展研究。

中国的电力以火电为主，火电的生产主要依赖煤炭，发电过程伴随大量的二氧化碳排放。本书从总量上把握北京市电力及其碳排放情况，研究结果表明产业人均收入是影响北京市电力消费的主要因素。从生产和消费角度的研究结果显示，生产角度碳排放主要受能源强度的影响，而消费角度碳排放主要受火力发电能耗的影响。

（6）居民消费对能源消费及二氧化碳排放的影响。

经济发展和城市化进程显著提高了北京市居民的生活水平。居民在消费日用品的过程中，势必引致能源消耗；同时，生产制造这些产品的能源投入也视为居民消费引致的能源消费。本书验证了收入水平提高对间接能源消费和碳排放的正向推动作用。研究结果表明，人均消费是居民直接碳排放的主要正向驱动因素，而单位消费支出的间接能耗是居民间接碳排放的最大影响因素。

（7）北京市碳市场机制研究。

碳市场作为一种低成本、高效率的政策减排工具，在世界范围内得到推行。北京市是我国低碳试点城市、低碳交通试点城市和碳排放权交易试点城市。本书考察了 2013 年 6 月以来北京市碳排放权交易运行情况，发现交易已初具规模，企业履约情况良好。对北京市碳市场的绩效及成熟度评估结果显示，市场的综合能力位居全国试点第二位，但成熟度较低，有待于进一步活跃交易。

本书围绕上述北京市碳排放的焦点问题展开，针对具体产业和行业部门的重点问题进行剖析，简要论述每个问题的研究思路、模型方法、数据处理，并对结论进行详细阐述，以政策分析为导向，提出对北京市低碳经济发展具有价值的参考建议。

　　本书由唐葆君负责总体设计、策划、组织和统稿。第 1 章由胡玉杰、唐葆君完成；第 2 章由周保进、唐葆君完成；第 3 章由赵一璠、周慧羚、唐葆君完成；第 4 章由周保进、唐葆君完成；第 5 章由李茹、唐葆君完成；第 6 章由李银玲、唐葆君完成；第 7 章由胡玉杰、唐葆君完成。尹佳音、余畅参与了本书的研究讨论和校对工作。

　　本书的研究与撰写得到了国家自然科学基金资助创新研究群体科学基金（No. 71521002）、国家自然科学基金面上项目（No. 71573013）、北京市自然科学基金（No. 9152014）等的支持。北京理工大学能源与环境政策研究中心（CEEP-BIT）的研究团队对我们的工作给予了大力支持。衷心感谢研究中心主任魏一鸣教授的鼓励、指导和斧正。值此，向他们的无私帮助表示崇高的敬意！

　　特别感谢本书引文中的所有作者！

　　限于著者知识修养和学术水平，书中难免存在不足之处，恳请读者批评、指正！

唐葆君

2016 年 4 月于北京

目　　录

第1章　能源消费与二氧化碳排放研究

　　随着世界经济的发展，工业化进程不断加深，能源作为支撑国家经济增长的基本要素，是现代社会生存与发展的基础。能源消费与日俱增，温室气体排放备受关注，中国面临着能源消费与二氧化碳排放总量不断增加的严峻形势，面对着节能减排的机遇和挑战，如何选择适合自身的低碳经济发展道路至关重要。北京作为我国的政治、文化中心，依托于其优厚的区位优势，具备较好的低碳发展能力。伴随着北京生活环境、空气状况不断恶化，开展低碳经济发展路径的探寻与选择变得势在必行。因此，北京市不断增长的能源消耗与二氧化碳的排放问题亟须解决，本章深入分析能源消费中的二氧化碳排放变动的原因，寻求根本的解决方法，为北京市低碳路径的选择提供参考。

本章主要解决以下问题：
- 中国能源消费与二氧化碳的排放情况
- 中国低碳经济发展路径的理论与现实选择
- 北京市能源消费的特点
- 北京市二氧化碳排放的现状
- 北京市能源消费的二氧化碳排放变化

1.1　中国经济发展、能源利用与二氧化碳排放密切相关

能源作为支撑国家经济增长的基本要素，是现代社会生存与发展的基础。近年来，随着世界经济的发展，工业化进程不断加深，能源资源作为必不可少的基础发展要素，备受关注。能源的开发利用，与社会生产力、科学技术、人类生活水平的发展有密切的关系。能源的利用推动了社会经济的发展，社会经济的发展需要能源提供物质支撑，并且经济发展和科学技术的提高又推动了能源技术的研究，能源科技的每一次突破都能引起人类社会生产技术的革命，因此能源利用的发展与社会经济的进步相关且同步。20世纪70年代以来，世界经济总量与世界能源消费量呈现出显著的正相关（相关系数为 0.986，双尾检验的 P 值＝0.000），如图 1-1 所示。

图 1-1　世界经济总量与能源消费量（1970～2014 年）

数据来源：World Bank（2015），BP（2015）

工业革命以来，世界经济快速发展，经济总量大幅增加，从 1970 年的 2.95 万亿美元，增长至 2014 年的 77.85 万亿美元，实现 25.39 倍的增长；能源需求伴随着经济发展不断增加，由 1970 年的 49.13 亿吨标准油当量增加为 2014 年的 129.28 亿吨，年均增长率为 2.23%。综合而言，经济增长与能源消耗密切相关，经济增速显著高于能源消费的增速，2014 年的经济增速为能源消费增速的 2.23 倍，但经济增速与能源消费增速的差距却在逐年减小（图 1-1）。随着世界能源需求的不断增加，能源的消费结构也在发生相应的变化。第一次工业革命促使煤炭能源消费的增加，随后汽车工业与跨国石油公司的出现，使石油工业获得了前所未有的发展，石油替代煤炭成为世界最主要的一次能源。目前的世界一次能源消费以石油、煤炭、天然气等化石能源为主。2013 年较 1971 年而言，化石能源

比例呈小幅下降，降幅约为 1%，石油、煤炭比例下降，天然气及可再生能源的比例有所上升，但是化石能源仍为世界的主要能源消耗品种，2013 年约占 84%（图 1-2）。化石能源的大量开采与利用，以及其在生产与消费过程中大量温室气体的排放，造成了严重的环境污染、生态破坏，是人类环境恶化和全球气候变化的主要原因。

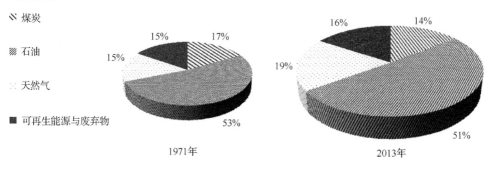

图 1-2　世界能源消费结构对比（1971 年和 2013 年）

数据来源：IEA（2015）

随着人类生存与发展活动逐步增加，能源消耗不断加剧，而其中由化石能源消耗引起的二氧化碳排放及全球气候变化问题日益显著。全球气候变化的事实已经引起了国际社会的高度关注。政府间气候变化专门委员会（IPCC）第二次、第三次、第四次评估报告，均认为气候变化即全球变暖问题日益严重，且逐步验证了人类活动极有可能是气候变化的主要原因。人类现代的生产、生活方式造成大量的温室气体的排放。IPCC（2007）的统计数据表明，由于工业革命以后大量化石能源的利用，人类生产、生活导致的温室气体排放约占全球温室气体排放总量的 90% 以上，其中 5 个主要的温室气体排放部门中多数是化石能源消耗相对集中的部门。由人类活动引致的能源利用与温室气体的排放密切相关，能源消费需求的增加，化石能源消耗的加剧，促使二氧化碳排放的增加。1965 年来，伴随着世界能源消费总量的增加，全球二氧化碳排放量呈现逐步上升的趋势，由 1965～2014 年的能源消费量与二氧化碳排放量的相关性检验显示，两者确实存在显著的正相关关系（相关系数为 0.999，双尾检验的 P 值＝0.000）。1965 年二氧化碳排放量为 116 亿吨，伴随着经济发展带来的能耗加剧，2014 年二氧化碳排放增长到 355 亿吨，在 49 年间增长了 206%（图 1-3）。世界各国已陆续开始关注这一问题，国家政策开始不断引导，如《中华人民共和国大气污染防治法》；能源利用、低碳技术逐步提升，能效增加，如大型风力发电设备，高性价比太阳能光伏电池技术，碳捕获、利用与封存技术，煤电的整体煤气化联合循环技术等，二氧化碳的排放增长率较能源消费而言逐步下降，这对于我国产业结构优化升级与科学进步而言具有较大的鼓舞意义。

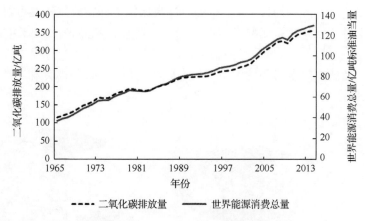

图 1-3　世界能源消费与二氧化碳排放情况（1965～2014 年）

数据来源：BP（2015）

由此可见，伴随着经济的发展，能源需求不断增加，化石能源消耗日益加剧，造成了影响全球气候变化的温室气体的增加，对人类社会的可持续发展产生较大的不利影响。人类活动下的能源利用与二氧化碳排放密切相关。

1.1.1　经济发展推动能源消费，化石能源仍为主要能源消费品种

自改革开放以来，中国的经济迅猛发展，能源消费不断攀升。经济总量大幅增加，由 1978 年国内生产总值 1.53 万亿元增长为 2014 年的 43.18 万亿元（2005 年不变价），实现了 27.22 倍的增长，平均年增长率约为 9.8%。人均 GDP 也不断增长，从 1978 年的 1589.08 元/人，上涨为 2014 年的 31571.76 元/人，但近年来，人均 GDP 的增速有所下降，2014 年的人均 GDP 增长率为 6.7%，较 2013 年 7.2% 的增长率略为下降，但总体仍呈中高速增长态势，如图 1-4 所示。

经济的快速发展导致能源消耗日益加剧，2000 年我国能源消费总量为 14.7 亿吨标准煤，2014 年我国的能源消费总量上涨为 42.6 亿吨标准煤，14 年间增长约 190%，平均年增长率为 8%。自 2010 年来，受经济下行的影响，能源消耗虽然总体仍在不断增加，但是其增长率却呈下降的态势，平均增长率约为 5%（图 1-4）。由此可见，我国能源消费与经济发展密切相关，能源消费总量较大，且不断快速增加，但近年来受制于经济下行的影响，能源消耗增速有所放缓。

我国能源消费结构逐步向多元化调整。但就能源禀赋而言，我国仍以化石能源（煤炭、石油、天然气）为主要的能源消费品种，综合消费占比超过 85%（图 1-5）。

作为煤炭资源大国，我国工业化进程中大量使用低价的煤炭资源，自 2000 年以来，煤炭消费量占全国一次能源消费量比例均超过 65%。我国煤炭终端能

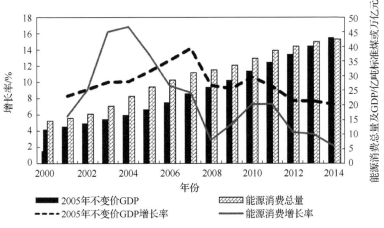

图 1-4　中国经济发展与能源消费情况（2000～2014 年）

数据来源：国家统计局（2015）及著者整理

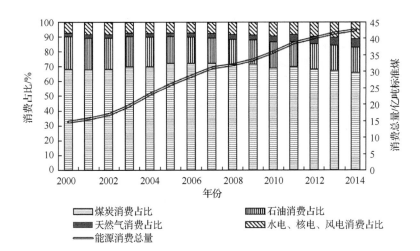

图 1-5　中国能源消费结构变化（2000～2014 年）

数据来源：国家统计局（2015）及著者整理

源消费总量震荡增加，但占比有所下降，而用于发电的煤炭消费总量在不断上升。2013 年我国煤炭供应量为 42.5 亿吨标准煤，其中 19.52 亿吨用于火力发电，较 2000 年的 5.58 亿吨达到近 2.5 倍的增长，供热 2.27 亿吨，炼焦 6.25 亿吨；终端消费 11.95 亿吨，生活消费 0.93 亿吨。近年来我国煤炭在终端消费总体占比下降，促使能源消费向电力等清洁能源转换；随着低碳经济的推行，煤炭作为高污染、高耗能的能源资源品种，总体消耗比例呈现明显的下降趋势，占比由 2007 年的 72.5％降低为 2014 年的 66％。由此可见，我国能源消费结构呈现出不断优化的趋势。我国作为石油进口大国，石油消耗占比较为平稳，介于

16%～22%波动，2000年来比例保持低位（图1-5）。2013年我国的原油消费量为4.87亿吨，炼油效率为97.7%，形成汽油0.94亿吨，煤油0.22亿吨，柴油与燃料油分别为1.72亿吨和0.4亿吨等。我国石油的终端消费主要集中于工业、交通运输业，2013年分别占比35%与38%，这与发达国家石油约60%集中用于交通行业的局面还有一定的差距，我国还有待调整优化。

天然气在我国的能源消耗占比较低，但近年来不断增加，由2000年的2.2%上涨为2013年的5.7%（图1-5）。我国的水电、核电、风电消费总量自2000年来不断增加，虽然整体占比较小，但是从其不断上涨的消耗占比可以看出，我国在不断地优化调整能源消费结构，能源消费结构朝着低碳、清洁、可持续的方向发展。

1.1.2 能源利用效率偏低，工业行业有待调整

我国节能意识不断增强，但是能源利用效率仍然偏低。自1953年第一个五年计划以来，能源开发利用不断加深，在建设前期能源消费模式较为粗放，单位产值能耗较大。随着改革开放，经济竞争逐步加剧，我国开始不断进行技术升级与经济结构调整，能源效率有了大幅的提高，单位GDP能耗得以大幅度下降。自1980年以来我国能源效率不断提高，单位GDP能耗日益降低，由13.2吨标准煤/万元，下降为2013年的0.8吨标准煤/万元，实现了约94%的能耗节省，平均下降率为8.97%（图1-6）。

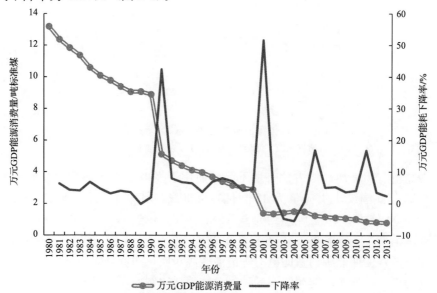

图1-6　中国单位GDP能源消费量（1980～2013年）

数据来源：国家统计局（2015）及著者整理

　　尽管我国在节能、提高能源利用效率的工作方面取得了较好的成绩，但是与发达国家相比，从产业结构、行业发展及单位产品能耗上，都存在较大的差距，具有较大的改善潜力。目前我国大力推行节能减排的发展政策，但是随着工业化进程的加深，能源密集型行业、高耗能行业仍在继续发展，调整产业结构、提高能源效率是推进社会经济低碳、绿色、可持续发展的必由之路。

　　就我国的行业单位生产总值能耗而言，工业，农林牧渔水利业，交通运输、仓储和邮政业为高耗能行业，其中工业占据主导地位，2014 年的单位生产总值的能耗达到了 75.64 吨标准煤/万元，远高于其他行业；农林牧渔水利业的单位产值能耗为 50.18 吨标准煤/万元，仅次于工业；而交通运输、仓储和邮政业则以 37.93 吨标准煤/万元的单位产值能耗显著高于其余行业（图 1-7）。工业行业中的高耗能行业主要集中于黑色金属冶炼及压延加工业，化学原料及化学制品制造业，非金属矿物制品业，有色金属冶炼及压延加工业，石油加工、炼焦及核燃料加工业，电力、热力生产和供应业，煤炭开采和洗选业，它们的能耗水平占整个工业行业的 77.17%，其中钢铁行业能耗最高，贡献率达 36.89%（表 1-1）。这些高耗能行业的能源效率较低，因而它们是我国工业发展的重点节能降耗部门，重视自身的产业结构优化调整与技术进步十分重要。

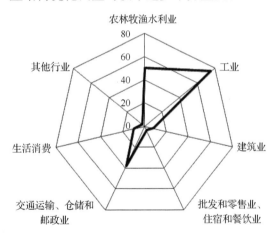

图 1-7　中国各行业 2014 年的单位生产总值能源消耗（单位：吨标准煤/万元）

数据来源：国家统计局能源统计司（2015）

表 1-1　高耗能工业行业的能源消费量及占比情况（2014 年）

行业	能源消费总量/亿吨标准煤	占工业能源消费比例/%
黑色金属冶炼及压延加工业	8.03	28.35
化学原料及化学制品制造业	4.67	16.46
非金属矿物制品业	3.71	13.09

续表

行业	能源消费总量/亿吨标准煤	占工业能源消费比例/%
有色金属冶炼及压延加工业	1.72	6.08
石油加工、炼焦及核燃料加工业	1.63	5.74
电力、热力生产和供应业	1.41	4.99
煤炭开采和洗选业	0.70	2.46

数据来源：国家统计局能源统计司（2015）及著者整理

综上所述，目前我国能源消耗不断增加，能源利用结构虽在逐步调整优化，但是能源利用效率仍然偏低，尤其是工业行业亟须调整自身的发展模式，做好节能降耗工作，有效利用能源，才能促进我国经济低碳、绿色、可持续发展。

1.1.3　二氧化碳排放不断增加，历史累计量低于发达国家

1978 年改革开放以来，我国在追逐经济迅猛发展、推动工业化进程的路途中，以牺牲环境为代价，消耗了大量的煤炭等化石能源资源，加剧温室气体的排放，2007 年我国便超越美国，成为世界上二氧化碳第一排放大国（BP，2015）。

20 世纪 90 年代以来，我国二氧化碳排放量总体不断增加，1995 年二氧化碳排放量为 30.55 亿吨，2012 年增长为 83.53 亿吨，上涨 173%，达到近年来的排放峰值，2013～2014 年，受我国经济下行及有效减排政策推行的影响，碳排放量小幅减少，2014 年排放 96.78 亿吨，实现减排 1.41 万吨。我国的碳排放增长率也在不断波动，近年来，经济下行，能源需求有所缓解，二氧化碳排放增长率有所下降，平均年增长率为 6%，低于经济与能耗的平均增长率（图 1-8）。

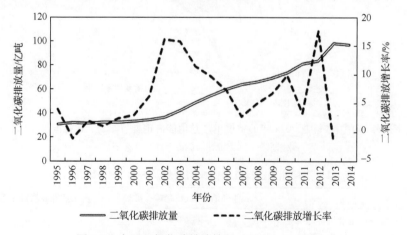

图 1-8　中国二氧化碳排放情况（1995～2014 年）

数据来源：国家统计局能源统计司（2015）及著者整理

自 1960 年以来，我国二氧化碳排放占全球碳排放的比例逐年增加，纵观美国、西欧等发达地区的碳排放，1910～1950 年美国碳排放占世界碳排放的比例都在 40% 左右，而西欧在 1910～1940 年的碳排放占世界碳排放的 20% 以上，由此可见，经济的发展势必会伴随大量的二氧化碳排放。就当前我国的发展阶段而言，仍然需要经历牺牲二氧化碳排放空间进行工业化发展的过程。考究二氧化碳排放的历史责任问题，我国的碳排放历史累计明显地低于发达国家，1991 年以来我国的二氧化碳累计排放量为 1201.92 亿吨，美国为 1457.22 亿吨，显著高于我国。

我国二氧化碳排放量主要集中在煤炭资源富集地——晋蒙地区，因为该地区作为我国煤炭资源的供给大省，依托于自身丰富的能源资源进行生产，需求大，消耗严重，碳排放自然较高；而经济较为发达的京津冀地区，因为自身经济快速发展对能源资源的需求不断增加及人口密集度较大，也形成了大量的碳排放（图 1-9）。总而言之，我国历史累计碳排放显著低于发达国家，主要历史碳排放源于能源资源丰富、经济发达的省份。

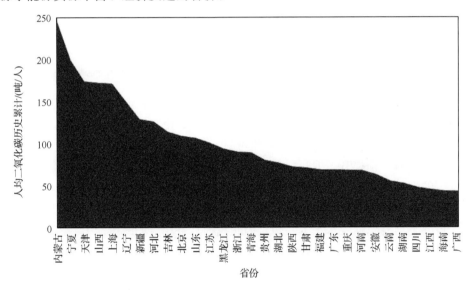

图 1-9　中国分地区人均二氧化碳历史累计排放情况（1995～2014 年）

数据来源：国家统计局（2015）、国家统计局能源统计司（2015）及著者整理

1.1.4　人均碳排放水平较低，碳排放强度较高

我国人均碳排放不断增加，由 1995 年的 2.47 吨/人增长为 2012 年的 7.10 吨/人，但仍然明显低于发达国家和世界水平。虽然我国的二氧化碳排放总量较大，但是人口众多，所以人均排放一直都低于世界水平。2000 年我国的人均碳排放为 2.63 吨/人，明显低于美国同期人均 5.76 吨/人的碳排放水平。但是人均

碳排放增长率较快，年平均增长率为 5.86%（图 1-10）。因此，随着工业化、城镇化和现代化的进一步发展，能源需求不断增加，人均碳排放在人口规模并未发生较大变化而排放总量迅速增加的情况下，势必不断上升，但当前仍然低于发达国家和世界水平。

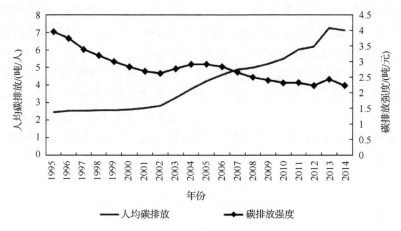

图 1-10　中国人均碳排放与碳排放强度（1995～2014 年）

数据来源：国家统计局（2015）、国家统计局能源统计司（2015）及著者整理

碳排放强度即单位 GDP 的二氧化碳排放量。近年来我国的碳排放强度不断下降，由 1995 年的 3.96 吨碳/元下降为 2014 年的 2.24 吨碳/元，实现了 43.43% 的强度下降（图 1-10）。由此可见，我国大力推行减排事业成效初显，能源利用效率大幅提升。但是，我国的碳排放强度仍远高于世界平均水平，1960 年我国的碳排放强度为世界平均水平的 8.71 倍，1978 年我国碳排放水平为世界的 8.25 倍，2004 年为世界的 3.43 倍，我国正在不断降低自身碳排放强度，缩小与世界平均能源强度水平的差距，因此我国具备相应的减排能力与潜力。

总之，目前我国的人均碳排放水平较低，但是随着排放总量的增加，人均排放量会不断增加。立足于我国当前经济发展的需要，能源消费量和碳排放量短时间内无法实现快速缩减，但随着能源效率提高，单位 GDP 碳排放量会呈现出不断下降的趋势。由此可见，我国正在不断推进低碳、可持续发展事业的发展。

1.2　中国低碳经济发展研究

1.2.1　低碳经济发展的理论依据

经济发展推动能源消耗增长，温室气体大量排放，导致近年来全球变化及极端气候事件频繁出现。本节立足于相应的理论基础，为人类的发展寻求更好的出路。

低碳发展是以低碳经济为发展形态、以低碳生活为市民理念和行为特征、以低碳城市为政府建设目标的大体系，涉及低碳的能源结构、低碳的城市建设、低碳工业行业的选择、低碳的消费模式、低碳技术支撑等。低碳经济概念首次于2003 年发布的英国能源白皮书——《我们能源的未来：创建低碳经济》中提出，指出"低碳经济是通过更少的自然资源消耗和更少的环境污染，获得更多的经济产出，低碳经济是创造更高的生活标准和更好的生活质量的途径"。低碳经济是在可持续发展理论的指导下，通过技术创新、政策法规、产业结构调整、能源结构调整、开发利用清洁能源等手段，尽可能地减少煤炭、石油等非可再生资源的消耗，减少温室气体排放，减少污染，达到经济发展和生态保护双赢的一种经济形态（张梦斯，2015）。为推动城市低碳发展，需构建由绿色能源体系、低碳产业结构及清洁生产技术、灵活控排的市场减排机制组成的低碳发展基础，并从节能、环保交通及绿色消费等方面实践低碳发展的理念，进而实现能源低碳化、经济发展低碳化、空间低碳化、技术低碳化与消费低碳化等目标。为更好地制定区域低碳发展路径，先来了解低碳经济发展的理论基础。

1）可持续发展理论

由于科学技术的快速发展，工业化急速推进，人类对自然界造成的冲击力极大地增强，资源短缺和环境污染问题日益突出，经济社会的发展面临着资源瓶颈及环境容量的制约，可持续发展问题成为 21 世纪的大课题。

可持续发展的概念最初源于生态学，指的是对于资源的一种管理战略，其后广泛应用于经济学和社会学范畴。"可持续发展"一词在 1980 年国际文件《世界自然资源保护大纲》中第一次出现，1987 年世界环境与发展委员会通过《我们共同的未来》，报告指出所谓可持续发展就是"既满足当代人的需求，又不对后代人满足其需求的能力构成危害的发展"，也就是说，既要发展经济，又要保护好人类赖以生存的自然资源和生态环境，使子孙后代能够永续发展（安红霞，2011）。从经济学角度讲，可持续发展是指在保持自然资源不变前提下的经济发展，其核心仍为发展，并不否定经济增长，但需要重新审视经济增长的实现方式，要使经济增长与生态环境和社会进步有机结合，形成具有可持续意义的经济增长（孙敏，2012）。因此，低碳经济作为一种经济社会发展与生态环境保护双赢的途径，正是可持续发展在经济方面的体现。2012 年，《中华人民共和国可持续发展国家报告》正式发布，报告指出我国进一步深化对可持续发展内涵的认识，于 2003 年提出了以人为本、全面协调可持续的科学发展观；又先后提出了资源节约型和环境友好型社会、创新型国家、生态文明、绿色发展等先进理念，并不断加以实践。

2）循环经济理论

面对工业化社会所带来的资源衰退、环境污染和生态破坏等问题，人类开始反思传统经济发展模式，重新审视自己的经济行为，并找到了一条新发展模式——循环经济模式。物质闭环式流动型经济简称为循环经济，这是一种经济生态发展模式，目的是节约资源，提高资源使用效率，保护环境，进而从整体上推进经济持续发展与社会全面进步，以实现人类社会与自然和谐、公平、良性的互动循环。该方法模拟自然生态系统中物质循环利用的模式，使生产过程的技术范式从"资源消费—产品—废物排放"的单程物质流动模式转向"资源消费—产品—再生资源"的闭环物质流动模式，循环经济的要旨是减量化原则、再循环原则、再使用原则。减量化原则，指在产品生产和服务过程中尽可能减少资源的消耗和废弃物、污染物的产生，采用替代性的可再生资源。再使用原则，指反复利用制造的产品及包装容器。再循环原则，指某一产品被使用后，没有作为垃圾，而是被回收并变为重新利用的资源（苗君强，2014）。

3）低碳经济理论

"低碳经济"已成为具有广泛社会性的新兴经济理念。然而，低碳经济具体定义仍未达成统一。低碳经济作为一种经济模式，特点就是低能耗、低污染、低排放，该模式通过改进创新能源技术、制度，转变人类的思想观念，不断提高能源利用率，调整能源结构。发展低碳经济，就要改变人们的生产、生活方式及思想价值观念。资源丰富、科技发展、消费方式、发展时期是低碳经济的四个基本要素（苗君强，2014）。

学者就如何实现低碳经济展开了丰富的研究。日本学者柳下正治（2007）通过研究日本居民消费、交通及工业部门的碳排放比例，从产业分布、交通和新能源技术等方面提出减少城市碳排放的措施。Treffers 等（2005）探讨了德国在2050 年实现将碳排放量减少到在 1990 年的 20％的可能性。Kawase 等（2006）把经济活动、二氧化碳强度和能源效率作为碳排放量的三个重要影响因子，表明如果要使目前的 CO_2 排放量减少 60％～80％，能源利用率和能源强度较前 40 年提高 2～3 倍才能实现。Randers 在 2007 年研究了挪威将二氧化碳减排作为目标的问题，指出挪威计划到 2050 年要减排二氧化碳到当前的 1/3，以及提出实现这个目标的四个具体步骤。Hansen 在 2007 年从侧面提示中国应该解决哪些问题来更好地实现自身低碳经济的发展。

张坤民（2008）提出：从根本上来说，低碳路径要加强能源强度，构造高效的能源利用结构，关键是制度、技术和发展理念的转型和变革。选择走低碳之路，注定要面临关于生产生活方式、核心价值理念及国家利益的根本性变革。低碳之路还面临着有关责任分配、科技改进和财务管理等诸多方面的难题。王彦佳（2010）从低碳经济与中国经济发展的角度研究，认为在宏观层面上降低GDP 碳排放强度的方针十分明确，即从调整产业结构、转变经济增长方式、提高能源效率和开发可再生能源四个方面入手。实现低碳发展目标要靠政府继续出台发展低碳经济的政策，并将政策落到实处。杨芳（2010）基于发展低碳之路与变革产业发展模式的关系，表明科技进步很大程度上影响着低碳能源经济的发展，并且对于创建低碳的发展路径起着不可替代的作用。同时还表明，技术的发展和创新是低碳路径的核心所在，特别是低碳技术的改进和创造，会直接关系到我国可持续发展目标中经济、环境和能源三要素是否能够和谐并存。另外，为减少温室气体排放而构建合理可行的政策激励机制也是处理全球环境恶化难题中至关重要的因子，关系到能否加速能源科技的发展、传播和普及。李晓燕和邓玲（2010）从地区化方向出发，将我国北京、天津、上海、重庆四个直辖市的城市低碳路径进行了全面、综合的调查与分析。

学者们从不同的角度，采用不同的方法对低碳经济发展进行深入的研究，其中也不乏对具体减排模式的探索。例如，在政策工具的选择中，研究人员对采用市场工具基本无异议，但是在具体工具选择上，特别在究竟是使用碳税还是使用排放权交易方面，存在较大的分歧。总体来看，贺菊煌等（2002）、约瑟夫·斯蒂格利茨（2010）、Nordhaus（2007）、胡鞍钢（2008）、王金南等（2009）、汪曾涛（2009）和张宁（2010a；2010b）等认为，碳税是一个较好的政策，在我国开征碳税具有政策和技术上的可行性。相反的观点，如高鹏飞和陈文颖（2002）等认为碳税的影响可能较大，魏涛远和格罗姆斯洛德（2002）、周剑和何建坤（2008）也认为碳税短期内影响较大，而长期则较小，短期内不宜引入。苏明等（2009）认为，碳税从静态视角来看会导致 GDP 的下降，从动态的角度来看，对 GDP 的负面影响随时间的增加而增加。曾刚（2009）和中国环境与发展国际合作委员会中国低碳经济发展路径研究课题组（2009）则认为，短期内应该征碳税，而长期来看，中国应该实行碳交易。Keohane（2009）、姜砺砺（2010）则支持碳交易或短期内应该优先推出碳交易。崔大鹏（2005）则提出了将总量控制与交易、碳税和政策与措施三者相结合的综合方案。

综合前人提出的理论及研究，本章从低碳经济的理论指导出发，以多维的角度逐步分析影响区域碳排放的各种因素，综合各种影响，最终选择适合的低碳发展模式。

1.2.2　在命令-控制型减排政策下，逐步引入激励型减排机制

就中国低碳发展路径的选择，综合全球气候治理实践进展及理论研究所提出的各种主张，将应对气候变化的政策工具主要归纳为命令-控制型和激励型两类。命令-控制型政策是运用法律和制度，直接或间接地要求企业使用减排技术，通过检查、监控和罚款等标准化程序确保企业达到减排要求；激励型政策是政府制定总体目标和原则，然后给企业留下足够的追求利润的余地来激励企业采取成本有效的减排技术。激励型政策又可以进一步细分为两种：一种是基于数量控制的

排放权交易，另一种则是基于价格控制的排放税。

首先探讨我国应从哪些方面贯彻命令-控制型减排政策。

（1）大力推行低碳产业发展战略。大力制定与推行低碳产业国家发展战略，实现经济低排放、低污染、低能耗的健康快速发展。明确低碳产业在国民经济中的战略地位，确保我国在这一重点领域抓住发展机遇，赢得发展优势。政策推行应注重发挥我国存在的发展优势，吸取发达国家低碳经济发展的经验和教训，针对我国当前的新型工业化、城市化的基本国情建立具有中国特色的低碳产业管理体制、市场机制和保障体系，实现又好又快发展。

（2）实现产业结构低碳化。发展低碳经济需要逐步改变、调整产业结构，大力发展属于低碳行业的知识密集型和技术密集型产业，信息产业的能耗和物耗十分有限，对环境的影响较小。信息技术（IT）产业是低碳经济中最具发展潜力的行业，不论是硬件还是软件都具有能耗低、污染小的特点。

（3）提高传统能源的利用效率。在工业化阶段，提高能源效率是减少碳排放量最有效的方式，而我国工业能源效率的提升空间非常大。我国属于发展中国家，能耗技术水平良莠不齐，例如，钢铁行业，大中型钢铁联合企业的吨钢综合能耗水平较低，但小炼钢和落后技术的能耗却较高，排放多，因此应该加速淘汰落后产能，实现整体能效的提升等，并在不同的行业加以实行。在交通运输领域，应该加强低碳出行方式对于高耗能交通出行的替代性，加强公共交通建设，缓解由不必需的交通方式及交通拥堵所带来的排放问题。虽然目前我国的建筑行业排放较小，但随着生活水平的提高，居民的住房面积越来越大，住房品质越来越高，如果能效仿欧洲的零排放建筑，在建筑节能方面也将会有很大潜力。

（4）号召发展新兴低碳能源。中国的可再生能源资源较为丰富，虽然可再生能源成本较高，但相当一部分已经商业化。例如，太阳能热水器、农村的小沼气；水电、部分发展较好的风电（如新疆塔里木的风电）等；中国每年所利用的农作物秸秆等生物质能，折合标准煤约 3 亿吨；太阳能光伏发电、光热发电两种技术则可在借鉴欧洲太阳能光热发电站工程的基础上进行研发投入；交通领域，汽车的能源补给发生较大的变化，如新能源电动汽车的广泛推行等。

与命令-控制型的减排政策相比，经济学家格外推崇以市场为基础的环境管理手段，即排放税和排放权交易。因为这两种手段不仅能以最小的经济成本完成某一给定的减排目标，还为长远开发更廉价的减排技术提供动态激励。

碳税和碳排放权交易是目前国际应对气候变暖、控制温室气体排放最有效的两种碳减排工具和经济手段，引起各国的广泛关注，而对于这两种机制的比较与选择一直没有停止。碳税具有价格稳定、成本较低、覆盖范围广等诸多优点。但与碳税相比，碳排放权交易一个最大的优势就是可以控制温室气体排放的总量，这点对很多承诺了强制减排目标的国家来说非常具有吸引力，也是越来越多的国家选择碳交易的一个重要原因。此外，理论上讲，如果目标是福利最大化，那么税收比排放权交易占优（Fischer et al.，2003；Hoel and Karp，2002），但Newell 和 Pizer（2003）指出，如果减排的成本冲击持续下去，那么税收的福利效果将不再那么明显，而 Karp 和 Zhang（2005）指出限额碳排放权交易体系能够更好地应对这些冲击。Murray 等（2009）进一步指出，如果允许实施排放权的储存或出借，那么限额碳排放权交易体制的福利效果将优于碳税。目前，相对碳税来说，碳交易的实施范围在全球更加广泛，而且越来越多的国家打算加入这一市场，不仅是发达国家，也包括很多发展中国家。碳税主要在一些发达程度较高的国家和地区实施，如北欧，而这些国家和地区的发展情况、经济能源结构与我国有着很大的差别，很少有以制造业为主的国家选择碳税。通常认为，碳税更适用于小型、分散的排放主体，碳交易适合大型排放设施，而且碳交易所带动的碳金融市场是碳税远不能及的。因此，相比碳税，碳交易更适合中国目前的节能减排要求。

2009 年，中国承诺到 2020 年单位 GDP 二氧化碳排放强度比 2005 年降低40%～50%。在 2011 年德班会议上，中国也明确表态愿意在 2020 年之后有条件地承诺强制减排目标，并将 "单位 GDP 能耗降低 16%、单位 GDP 二氧化碳排放降低 17%" 作为约束性指标纳入 "十二五" 规划。在全国节能减排工作已深入开展的情况下，中国单纯依靠传统的命令-控制型手段，完成上述目标无疑相当困难，成本也将非常高昂。例如，"十一五" 规划末期，各地为了完成减排目标，纷纷采取拉闸限电等极端措施。即便如此，"十一五" 规划单位 GDP 能耗降低 20% 的目标仍未完成，实际降低 19.1%。因此，为了寻找低成本、高效率的减排手段，降低温室气体排放，有效完成国内减排目标和国际减排承诺，2010年 10 月，中共中央《国民经济和社会发展第十二个五年规划的建议》中指出，要逐步建立碳排放交易市场。同年 10 月 19 日，国务院下发《国务院关于加快培育和发展战略性新兴产业的决定》，提出要建立和完善主要污染物和碳排放交易制度。2011 年 10 月 29 日，国家发展和改革委员会发布《国家发展改革委办公厅关于开展碳排放权交易试点工作的通知》，正式批准北京市、天津市、上海市、重庆市、湖北省、广东省及深圳市开展碳排放权交易试点。2013 年年底，北京、天津、上海、广东、深圳 5 个试点省市先后启动了碳交易，2014 年湖北和重庆碳交易市场也陆续启动，并计划 2017 年起在全国范围内开展碳排放交易，建立全国碳交易市场。

目前全球面临着日益严重的气候环境问题，碳市场作为一种低成本、高效率的政策减排工具，在世界范围内得以不断推行，欧盟、美国、澳大利亚、新西兰和日本等国家和地区已经启动碳排放权交易（林文斌和刘滨，2015），其中欧盟碳市场、美国芝加哥气候交易所发展最为成熟，具有极大的研究与借鉴价值。2007 年我国成为二氧化碳第一排放大国，因此面临巨大的减排压力，自 2013 年

6 月以来，北京、天津、上海、重庆、湖北、广东、深圳 7 个省市逐步开放了碳排放权交易试点。截至 2015 年 11 月，我国碳市场配额累计成交量 4653 万吨，累计成交金额达 13.51 亿元，均价 29.04 元/吨。2014 年，我国碳试点配额总量超 12 亿吨，试点排放量占全国碳排放量的 18%。根据欧盟换手率经验，未来我国碳市场成交金额或达万亿元。我国碳试点交易初具规模，为我国统一碳市场的建设积累了丰厚的经验。因此，我国为了实现减排高效发展，在国际市场与国内试点的发展背景下，理应整合资源建立全国统一的碳市场。

因此，无论基于理论基础还是基于实际政策导向与准备，碳排放权交易这个低成本、高效率的政策减排工具都将作为我国低碳经济发展路径的重要选择，极具关注意义与研究价值。

1.2.3　抓住减排道路中的优势与机遇，应对劣势与挑战

立足于当前我国推行低碳经济发展的必要及紧迫性，应该积极抓住减排道路中的优势与机遇，并勇于面对道路中存在的劣势与挑战，选取更为适宜、可行的减排方式，实现更好的发展，如表 1-2 所示。

表 1-2　我国减排道路中的 SWOT 分析

优势（S）	劣势（W）
可持续发展政策、低碳发展、"十三五"规划提出的节能减排目标（单位产值能耗下降、40%～45% 的强度目标）、60%～65% 的新碳排放强度下降目标等；2013 年来，我国逐步开启 7 大碳交易试点的交易工作，并承诺 2017 年建立全国的统一碳市场	中国人均碳排放增速高于发达国家，单位 GDP 能耗和碳排放量均高于发达国家水平，碳排放强度也显著高于发达国家；中国发展的历史阶段，决定了中国将继续发展工业化、城镇化和现代化，未来 30 年，继续消耗大量能源，减排压力巨大；人口生活用能较低，随着人们要求提高生活水平，生活用能将急剧增长
机遇（O）	威胁（T）
全球对于气候变化、温室气体减排的关注，发达国家成熟的碳交易的经验借鉴，发达国家先进的减排技术及其对于新能源开发探索的前车之鉴	国际经济环境的萧条，不利于自身的经济发展，从而影响到能效技术的提升，面临疲软；国际减排的舆论压力日益增强，使得我国在经济发展与节能减排事业中面临权衡与挑战

第一，地球是人类共同的家园，气候变暖对我国的负面影响不容忽视，通过减排来减缓气候变化是人们共同的心愿。第二，我国过去的经济发展付出了较大的环境代价，减缓二氧化碳排放与国内节能减排的政策目标是一致的，应该积极主动地采取措施来改善与优化我国的能源结构和经济结构，发展低碳技术，在国际竞争中赢得主动。第三，全球变暖不断加剧，极端气候事件频密发生，新一轮的温室气体减排谈判已经开始，我国作为世界上最大的发展中国家与最大的二氧化碳排放国家，受到来自发达国家的压力会越来越大。在国际舆论压力面前，我

国进一步作出减排承诺，2015 年 9 月 25 日，习近平和奥巴马共同发表《中美元首气候变化联合声明》，其中我国首次明确建立全国碳市场的时间表，指出中国计划于 2017 年启动全国碳排放交易体系，将覆盖钢铁、电力、化工、建材、造纸和有色金属等重点工业行业。第四，伴随着经济的发展，我国未来的碳排放形势依然相当严峻，如果强制限排，这必然会影响我国经济的发展与进步。因而如何在保证自身经济充分发展的前提下，选取一条低碳能源的发展道路，是我国面临的巨大挑战。

1.3　北京市能源消费的特点

北京市作为我国的政治、文化中心，是我国贯彻可持续发展、科学发展观、实践低碳经济的政策主导城市，在我国经济发展与能源消耗的过程中扮演着重要的角色，因而选取北京市作为主要研究对象，试图更好地建设合理科学的低碳发展路径，为国家的健康发展引导借鉴。北京市经济发展十分迅速，能源消耗不断加剧，自身资源（能源资源、水资源等）面临瓶颈，而伴随着能源消耗带来的二氧化碳等温室气体的排放使得雾霾、沙尘等恶劣天气影响不断加剧，北京面临着日益严峻的生存、发展挑战。此外，北京具有 2000 多万常住人口，为了更好地实践自身作为城市的承载功能，也为了更好更快地发展，理应探索出属于自身的可持续发展道路，平衡能源消耗与经济发展的关系，摆脱二氧化碳历史累计排放位于全国前列的困境，大力推行低碳技术，探寻与实践低碳发展的路径，扭转粗放型的经济发展模式，调整优化经济结构与生产技术，改善能源利用的生产效率，实现低碳经济发展。

为了深入贯彻低碳发展的经济号召，本节就北京市的能源消费与二氧化碳排放情况，从能源消费端、产业端、耗能工业、具体的行业进行分析，力求从本源上减少二氧化碳的排放，规划低碳发展的路径，实现较好的发展。首先从北京市的能源消费与二氧化碳排放分析入手，逐步深入探索北京市的低碳发展路径。

1.3.1　经济发展促进能耗增加，第三产业能耗比例上升

改革开放以来，我国经济飞速发展，北京依托于作为首都的良好发展机遇与平台、各大高等院校聚集形成的丰厚科研实力及中国"硅谷"的中关村科技园，形成良好的发展氛围。经济迅猛发展，经济总量由 1980 年的 593.3 亿元上涨为 2014 年的 16088.4 亿元，实现 26.12 倍的增长，经济增速更是不断增加，2006 年达到 14.5% 的峰值。但是近年来，北京的经济增速受到影响，由 2008 年的 10.2% 下降为 2014 年的 7.3%（图 1-11）。由此可见，北京市经济发展状况有待进一步调整。

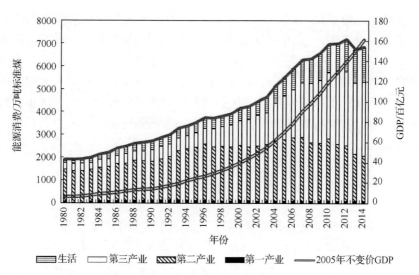

图 1-11　北京市能源消费与经济发展（1980～2014 年）

数据来源：北京市统计局（2015）及著者整理

伴随着经济的不断增长，北京市的能源消耗日益加剧，总体呈不断上升的态势，1980 年能源消费总量 1907.7 万吨标准煤，2014 年消费 6831.2 万吨标准煤，总量上涨 2.58 倍，而能源消耗的年平均增长率较低，仅为 1%，为当前北京经济增速的 1/7，由此可见，虽然北京市能源利用总量较大，但是其能源利用效率就全国水平而言较高。此外，近年来，北京市能源消费出现了震荡下降的局面，这不排除受到经济下行及北京市工业企业外移、产业结构调整优化的影响。就北京市能源消费端的产业构成而言，北京市近年来居住环境恶化，国家推行产业结构调整发展与节能减排的政策号召，作为支撑工业化进程的能源消耗得以削减，第三产业快速发展，第三产业及生活服务业的能耗比例不断增加。由此可见北京市在低碳经济发展的背景下，实现了良好的产业结构转型优化，推动自身低碳约束发展观念的执行，为我国实现低碳发展提供宝贵的借鉴意义。

1.3.2　能源消费结构多元化，电力消耗占比较大

2014 年北京市可供本地区消费的能源量为 6818.29 万吨标准煤，仅为全国同期水平的 2%，总量较小，其中能源以炼油及火力发电环节投入较多。一次能源构成较为多元化，原煤可供消费 1384.27 万吨标准煤，原油可供消费 1478.05 万吨标准煤，天然气可供消费 1440.53 万吨标准煤等，能源构成较为平均，一次能源结构多元化。在二次能源构成中，汽油、煤油、电力可供消费较多，分别为 225.40 万吨标准煤、522.75 万吨标准煤、1658.98 万吨标准煤，可供进行火力发电的消费量较大。就最终的能源品种消费情况而言，煤炭消费 1736.54 万吨标准煤，汽油消费 440.62 万吨标准煤，煤油消费 507.58 万吨标准煤，柴油消费

196.46 万吨标准煤，热力消费 1.66 亿吉焦，多数用于生活消费与制造业，电力消费 933.41 亿千瓦时。由此可见，北京市能源资源并不丰富，但能源结构较为多元化，能源消耗大多能实现自给自足，煤炭与石油、电力、热力消耗较多，这有助于北京市能源消耗模式的调整优化，可以降低煤炭资源的使用，推动其向电力等高效清洁能源转换，有助于提高煤炭的综合利用效率、改善生产与发展环境。

1.3.3　能源利用效率不断提高，分行业存在差异

经济发展带来能源消耗，而为了实现能耗降低、发展低碳经济，节能政策及新兴的高能效技术不断引导推进，我国能源利用效率得以不断提升，北京也不例外。

2000 年以来，伴随着北京市产业结构的调整优化，北京市凭借自身雄厚的科研开发实力，生产与发展技术不断进步，万元地区生产总值的能源消耗不断降低，能源效率不断提高，主要得益于第二产业，尤其是工业行业万元生产总值能耗水平的大幅下降，2008 年来其万元生产总值能耗开始低于第一产业，效率提升显著，而北京市第一产业虽然能效水平较高，万元地区生产总值能耗较低，但是近年来其降幅较小，万元能耗逐步高于第二产业，能效水平有待进一步提高。第三产业能效水平较高，万元 GDP 能耗最低，但是交通运输业是一个例外，其能效水平虽然有所提升，但整体表现较差。北京作为国际化的大都市及我国南来北往的重要交通枢纽，承担着日益增加的运输压力，伴随着近年来我国交通运输业的发展与进步，北京的客运压力进一步加大，自身人口不断增加，这些都使得北京市的交通运输业迅速发展，但由于技术进步较小，最终能效水平并未发生较大的改变（图 1-12）。

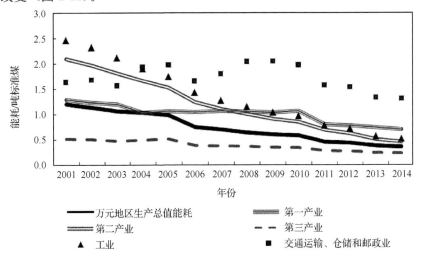

图 1-12　北京市万元生产总值能耗情况（2001～2014 年）

数据来源：北京市统计局（2015）

1.4　北京市二氧化碳排放的现状分析

1.4.1　碳排放不断增加但总量较低，人均碳排放低于全国水平

　　伴随着北京市能源消耗加剧，二氧化碳排放波动增加，与我国其他地区相比，排放总量较低，处于中后的排位。但北京市的碳排放总量仍然呈不断上升的态势，由 1995 年的 0.8 亿吨排放增加为 2010 年的 1.06 亿吨，2011 年来排放量小幅下降，但仍呈上升趋势，2014 年为 1.02 亿吨，总体实现了较 1995 年27.5% 的增长，与能源消耗 1995～2014 年 93.34% 的增长相比，二氧化碳排放增长较为缓慢，由此可见，北京市能源利用水平较高，导致温室气体排放较少；此外，1995～2010 年北京市人均碳排放水平远高于全国，1995 年以来年平均人均碳排放为 5.46 吨，而我国 1995 年来的年平均人均碳排放仅为 3.87 吨，北京市高出全国人均水平 41%，由此可见，在过去 15 年里，北京市为了追求经济的飞速发展，不惜走上高排放、高污染的道路，这是北京市理应认识到的。2010年来，随着国际减排舆论压力的增大，北京作为我国首都，政策引导的强辐射地区，开始具体实施减排举措，如高污染、高耗能工业产业的外移，落后产能的淘汰等。在不断努力下，北京市人均碳排放开始逐年降低，2014 年的人均碳排放为 4.75 吨，较全国 7.1 吨的人均水平下降近 50%。由此可见，北京市近年来低碳发展事业的推行卓有成效（图 1-13）。总体而言，北京市二氧化碳排放总量较小，增长率较低，增长幅度较小；人均碳排放由高于我国的平均水平调整为低于

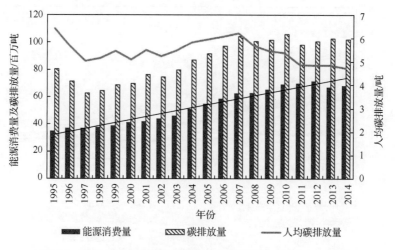

图 1-13　北京市能源消费与二氧化碳排放情况（1995～2014 年）

数据来源：北京市统计局（2015）、国家统计局能源统计司（2015）及著者整理

我国的平均水平，自身实现 35% 的调整下降幅度，由此可见北京近年来在低碳事业的投入与付出。

1.4.2　人均历史累计碳排放量较高，位居全国前十

北京经济发展较早，发展水平位居全国前列，长期的工业化发展累积了较多的人均碳排放。就我国人均历史累计碳排放量较高的 10 个省市而言，大多属于资源、工业能耗大省，或者是经济较为发达的地区，晋蒙属于煤炭资源大省，吉林、辽宁属于东北老工业基地，在长期的工业化进程中难免存在大量碳排放的问题，上海、天津、北京则属于经济较为发达的地区，工业化发展投入较早，碳排放累计自然较多。但是在 3 个发达的高碳排放地区中，北京市碳排放较低，由此可以看出北京市近年来的经济发展结构的调整与技术的升级进步，为北京市进一步低碳路径的选择奠定了基础（表 1-3）。

表 1-3　人均历史累计排放前十的省市（1995～2014 年）

省市	人均历史累计排放量/吨	排名
内蒙古	247.47	1
宁夏	199.83	2
天津	174.51	3
山西	172.82	4
上海	171.91	5
辽宁	150.38	6
新疆	129.28	7
河北	126.36	8
吉林	114.11	9
北京	109.18	10

数据统计：北京市统计局（2015）、国家统计局能源统计司（2015）及著者整理

1.4.3　二氧化碳强度逐步降低，低于全国碳排放强度

改革开放以来，北京依托其优厚的区位优势，竞争发展较快，在发展的过程中，在可持续发展战略和低碳经济的政策支持下，不断提高自身的生产发展技术，实现经济结构的优化转型发展，降低单位生产值的能源消耗，提高能源的有效利用率，减少二氧化碳的排放，实现碳排放强度近年来的不断下降，这对于我国环境可持续发展具有极大的关键意义。北京市自 1995 年来碳排放强度不断下降，由 1995 年的 3.33 吨/元下降为 2014 年的 0.63 吨/元，下降幅度为 81.1%。北京市碳排放强度与全国呈现同样的下降态势，但是其下降的幅度远高于全国水

平，近年来远低于全国的碳排放强度，2014 年全国碳排放强度为北京市的 3.53 倍。由此可见，北京市能效状况及低碳技术所具备的优势，但是尽管如此，北京的碳排放强度也是近年来才达到了世界的平均水平。由此可见，北京市低碳发展已具备相应的能力（图 1-14）。

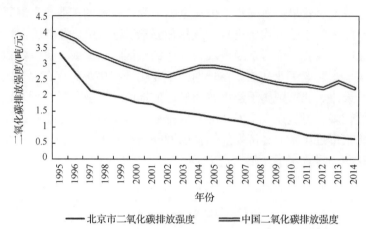

图 1-14　北京市与中国的二氧化碳排放强度（1995～2014 年）

数据来源：北京市统计局（2015）及著者整理

综上所述，北京市近年来得益于其自身经济结构的调整与低碳发展技术的进步，碳排放情况不断改善，能源使用效率提升，二氧化碳排放较低，排放强度也较低。

1.5　北京市能源消费的二氧化碳排放变化研究

1.5.1　影响因素研究方法介绍——LMDI 分解法

1）能源消费与二氧化碳排放影响因素的研究方法

针对能源消费与二氧化碳排放影响因素的研究有很多，学者均采用不同的研究方法来探索自身的实证结果，主流方法为计量及对数平均迪氏指数（logarithmic mean Divisia index，LMDI）分解法。

就能源消费影响因素而言，目前主要运用因素分解法和计量的方法来分析能源消费的变化原因。林伯强（2003）运用协整分析和误差修正模型技术研究了中国电力消费与经济增长之间的关系。陈海燕和蔡嗣经（2006）利用 LMDI 模型将 2001～2005 年影响北京市工业终端能源消费变化的驱动因素进行分解。赵晓丽和杨娟（2009）基于 LMDI 模型将 1998～2006 年的北京及全国工业能源消费量分解为规模效应、结构效应和效率效应。施凤丹（2008）运用 LMDI 模型将

1997 年和 2002 年中国工业能源消费及煤炭消费、石油消费分别分解为产量效应、结构效应和强度效应。房斌等（2011）基于投入产出的结构分解法研究了人口增长、效率、生产结构、生活方式和水平与中国能源消费之间的关系。Chung 等（2011）运用因素分解法对 1990~2007 年香港地区居民能源消费进行分析，结果表明居民数量的增加是引起能源消费增加的第一大影响因素。马晓微和崔晓凌（2012）基于 LMDI 方法定量分析北京市终端能源消费的变化特征。Lesca-roux（2013）运用"二层"分解法对世界上 38 个独立自主的国家和 7 个拉丁美洲国家的工业能源消费的驱动因素进行分析。Zhao 等（2014）运用因素分解法研究 1998~2012 年影响我国城镇居民能源消费的因素。Soytas 等（2007）运用格兰杰因果检验对美国的收入、能源消费量及二氧化碳排放量之间的因果关系进行研究。赵进文和范继涛（2007）运用格兰杰检验，研究了经济增长与能源消费两者之间关系。仇焕广等（2015）利用全国 4 省 409 户农户连续两期的实地调查数据，通过描述性统计分析、相关性分析和计量经济学联立方程模型系统方法，对中国秸秆、薪柴、沼气、太阳能等农村可再生能源的消费现状、发展趋势及其影响因素进行分析。

就二氧化碳影响因素而言，研究方法各有不同。Shrestha 和 Timilsina（1996；1997；1998）利用 Divisia 分解方法研究一些亚洲国家电力部门的二氧化碳、氮氧化物、二氧化硫排放的变化特征。de Bruyn 等（1998）运用 STIRPAT 模型研究二氧化碳排放的影响因素，发现经济增长对二氧化碳排放的影响最大。Liu 等（2010）采用因素分解方法对我国 1998~2005 年工业部门的二氧化碳排放进行分析。Ang（2007）运用协整检验和向量误差修正模型分析了 1960~2000 年法国能源消费、二氧化碳排放和产出之间的关系。Weber 和 Matthews（2008）通过消费支出调查法及多国家生命周期评估法，研究了美国居民的碳排放足迹。Dalton 等（2008）通过 PET（population-environment-technology）模型研究美国人口老龄化对碳排放的影响。Soytas 等（2009）以土耳其为研究对象，运用格兰杰因果检验研究发现，二氧化碳排放是能源消费的单向原因。Zhang 等（2009）运用格兰杰因果检验法研究经济增长与能源消费、碳排放之间的关系。Feng 等（2009）运用 MAT 模型分析中国二氧化碳排放的影响因素。Kerkhof 等（2009）结合过程分析和投入产出分析，研究国家之间及一个国家内的居民二氧化碳排放及其影响因素。Zha 等（2010）利用对数平均指数分解分析法分别对中国城镇和农村居民二氧化碳排放的影响因素进行研究。Davis 和 Ken（2010）运用因素分解法研究全球二氧化碳排放的影响因素。Cellura 等（2012）运用 SDA 分析影响意大利居民间接能源消费和二氧化碳排放的因素。

综上所述，学者针对能源消费及二氧化碳排放的影响因素分析大多采用计量模型及结构分解法，其中 LMDI 分解法作为一种主要及成熟的影响因素分解法广泛运用。本书则以运用较为成熟的 LMDI 分解法为主要的研究方法，进行能源消费、二氧化碳排放的动因分析。

2）LMDI 方法及一般影响因素模型的构建

指数分解法是在 20 世纪 70 年代后期逐渐应用到能源问题的研究中的，通过30 多年的发展，逐渐有了很多分支，目前最常用的两种方法是拉氏指数法（Laspeyres index）和迪氏指数法（Divisia index）。拉氏指数法始于 20 世纪 90年代，在计算一个因素对变量的影响时，假定其他影响因素处于基期并保持不变，只有该因素随时间变化，通过这种计算方法得出的结果有较大的残差项。迪氏指数法在线性积分形式下，对时间进行微分，从而计算相互之间各个因素对被分解变量的影响，在该方法中，影响值是对对数增长率的权重加和。由于通过迪氏指数法计算出的因素的影响值的残差项较小，因此被很多学者和研究机构广泛使用，并在此基础上进行扩展与改进。Ang 等（1998）提出 LMDI 法，该方法在原有迪氏指数法的基础上进行改进，模型中不产生残差项，且对数据的要求更加宽松，允许数据中包含零值。Ang（2004）通过对不同的研究方法进行比较分析，发现无论从实用性、可操作性还是从结果表达角度比较，LMDI 都是相对较好的方法。Ang（2005）采用 LMDI 方法对加拿大的能源消费及二氧化碳排放量进行影响因素分析，并指出 LMDI 没有残差，而且能够处理零值的情况。基于LMDI 方法的优越性，本书采用 LMDI 进行因素分析。

假定二氧化碳排放量为 C，各个影响因素分别为 $X_{i1}, X_{i2}, \cdots, X_{in}$，则

$$C = \sum_i C_i = \sum_i X_{i1} X_{i2} \cdots X_{in} \tag{1-1}$$

其中，i 代表不同的研究分类。用 T 代表年份，则二氧化碳排放量表达式为

$$C^T = \sum_i C_i^T = \sum_i X_{i1}^T X_{i2}^T \cdots X_{in}^T \tag{1-2}$$

LMDI 有两种分解方法：加法分解和乘法分解，且两者可以相互转化。本节分别对这两种方法的具体计算进行展开介绍。加法分解法的分解公式为

$$\Delta C = C^T - C^0 = \Delta C_{X_1} + \Delta C_{X_2} + \cdots + \Delta C_{X_n} \tag{1-3}$$

第 k 个因素对被分解变量的影响为

$$\Delta C_{X_k} = L(C_1^T, C_1^0) \ln(X_{1k}^T / X_{1k}^0) + L(C_2^T, C_2^0) \ln(X_{2k}^T / X_{2k}^0) \tag{1-4}$$

乘法分解法的基本分解公式为

$$D = C^T / C^0 = D_{X_1} D_{X_2} \cdots D_{X_n} D_{\mathrm{rsd}} \tag{1-5}$$

第 k 个因素对被分解变量的影响为

$$D_{X_k} = \exp\left[\frac{L(C_1^T, C_1^0)}{L(C^T, C^0)}\ln\left(\frac{X_{1k}^T}{X_{1k}^0}\right) + \frac{L(C_2^T, C_2^0)}{L(C^T, C^0)}\ln\left(\frac{X_{2k}^T}{X_{2k}^0}\right)\right] \tag{1-6}$$

在以上两种分解法中，权重的计算公式为

$$\sum_i L(C_i^T, C_i^0) = \frac{C_i^T - C_i^0}{\ln C_i^T - \ln C_i^0} \tag{1-7}$$

$$L(C^T, C^0) = \frac{C^T - C^0}{\ln C^T - \ln C^0} \tag{1-8}$$

针对于不同的影响因素问题分析，本书在不同章节将进行各自驱动因素模型的构建，从能源消费包括产业、行业，居民消费，二氧化碳排放等多方面的动因分析出发，立足于根源优化北京市的能源消费与发展结构，探索出适合北京市发展的低碳路径。

1.5.2　能源消费促使碳排放增加，排放强度高于发达国家

1995 年以来，北京市经济快速发展，GDP 年平均增速为 9.5%。随着经济的增长能源消耗不断加剧，能源消费总量由 1995 年的 3533.3 万吨增长到 2014 年的 6831.2 万吨，增长了 93%。能源消耗的增长势必带来了二氧化碳排放的增加，1995 年二氧化碳排放量为 8042.67 万吨，2014 年二氧化碳排放量为 1995 年的 1.27 倍，排放量为 10212.17 万吨。我国的二氧化碳排放总量虽然不断增加，但近年来随着北京市低碳经济的发展号召，二氧化碳排放增长率产生了大幅波动，部分年份出现了下降。

伴随着经济的发展，北京市产业结构的调整与技术的进步推动着其能耗水平的下降，自 1995 年以来，北京市在节能减排的低碳发展导向下，二氧化碳的排放强度不断下降，由 1995 年的 3.33 吨/元下降为 2014 年的 0.63 吨/元，实现 81.1% 的下降，年平均下降率为 8%，20 世纪 90 年代下降幅度较大，随后便呈现震荡低幅下降的态势（图 1-15）。尽管如此，深究我国在经济发展的同时能耗水平及二氧化碳排放强度的表现，可以看出经济发达国家在处于我国当前经济发展阶段时，其碳排放强度与我国目前碳排放强度变化的方向存在一定的差异。因此，北京市伴随能源消耗的碳排放强度及二氧化碳排放量不断变化的原因值得人们进一步去审视，以便落实北京未来的碳排放情况，更好地实现低碳发展。

1.5.3　经济发展驱动碳排放增加，降低能源强度有效实现控排

本节采用 LMDI 中的加法分解法对北京市能源利用的二氧化碳排放因素进行分析，将能源利用的二氧化碳排放分解为人口、人均 GDP、能源强度、碳排放强度、GDP。具体公式为

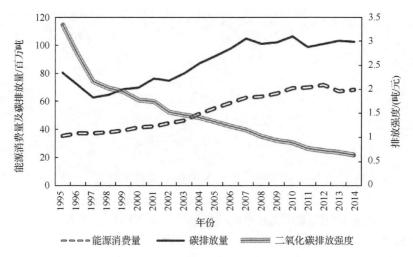

图 1-15　北京市能源消费与二氧化碳排放量、排放强度（1995～2014 年）

数据来源：北京市统计局（2015）及著者整理

$$C_b = \sum P \cdot \frac{GDP}{P} \cdot \frac{E}{GDP} \cdot \frac{C}{E} \tag{1-9}$$

其中，C_b 为居民直接二氧化碳排放量；P 为北京市的总人口数量；E 为北京市能源消耗；C 为北京市碳排放。

从《北京统计年鉴》中选取北京市年末常住人口、地区生产总值、能源消费量，然后计算得出北京市二氧化碳的排放量、2005 年不变价的 GDP，代入模型进行数据处理。

就北京市 1995～2014 年的碳排放变化情况而言，人口、人均 GDP 均起到正向的驱动作用，而能源强度与单位能耗的二氧化碳排放则起到负向的驱动效果。1995～2014 年，北京市的二氧化碳总量增加了 2169.5 万吨（图 1-16）。其中人口增长 72%，促使二氧化碳排放总量增加 4964.67 万吨；2014 年人均 GDP 较1995 年实现了 2.87 倍的增长，使得二氧化碳排放增加 11363.92 万吨，人均GDP 较人口而言对二氧化碳正向增长起到更大的推动作用。伴随着经济的发展，能源强度则对二氧化碳排放的减少具有更大的推动意义，1995 年能源强度为1.46 吨/万元，2014 年下降为 0.42 吨/万元，下降了 71.2%，促使北京市二氧化碳排放量降低 10740.22 万吨，减排驱动作用较大，其减排量几乎可以与由经济增长带来的碳排放增量相抵消；此外单位能耗碳排放 1995～2014 年实现了52% 的下降，带动碳排放减少 3418.87 万吨。综合对比北京市 1995～2014 年二氧化碳排放的影响因素，发现人均 GDP 是影响碳排放变动的最主要的因素，人均 GDP 的增长推动着碳排放量的增加；其次能源强度也是影响碳排放量的关键因素，能源强度的降低可以带来二氧化碳排放量的大幅减少，因此提高能效对于北京市低碳发展具有极大的积极作用；而单位能耗碳排放与人口的影响作用则略小（图 1-16）。

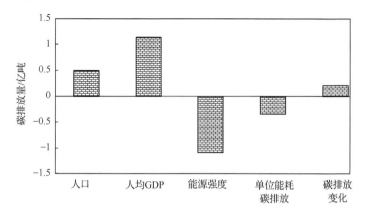

图 1-16　不同因素对北京市二氧化碳排放的影响（1995～2014 年）

就各影响因素在时间维度上产生影响的变动情况进行分析，可以看出北京市人均 GDP 在 1995～2014 年的大部分年份里都对二氧化碳排放产生正向驱动的影响，2006 年促使二氧化碳排放增加 902.73 万吨，实现 1995～2012 年的最大增排作用，1999 年则增排效果最小，但也实现 206.9 万吨的二氧化碳增加排放量；而能源强度则跟人均 GDP 恰好相反，在大多年份均降低北京市的二氧化碳排放，产生减排的效果，其中 2012 年达到能效减排的巅峰，实现了 1420.03 万吨的减排量，但由于 2013 年单位能耗碳排放较 2012 年有所增加，所以，使得 2012～2013 年二氧化碳总量呈现未减反增的局面。此外，2007 年实现了 825.9 万吨的减排量，使得当年二氧化碳总量呈现下降的局面。结合人均 GDP 与能源强度带来的增减效应发现，在 1996～2000 年、2006 年、2009 年、2011 年、2013 年由人均 GDP 与能源强度带来的增排量与减排量几乎出现了相抵消的局面。此外，人口与单位能耗碳排放的影响效果较小，人口的正向增长效应在 1999 年以后表现得较为明显，2007 年人口因素的正向影响效果最佳，实现了二氧化碳 565.7 万吨的排放增长，1997 年正向影响效果最小，促使排放的二氧化碳最少，仅为30.65 万吨。单位能耗碳排放对二氧化碳排放的影响不一，未呈现出明显的规律性，在 1995 年达到减排的最大成效，随后减排影响变小，且大幅震荡，甚至在1997～1999 年、2000 年、2002 年、2006 年和 2012 年出现过单位能耗排放增加的局面，推动二氧化碳的增加（图 1-17 和表 1-4）。

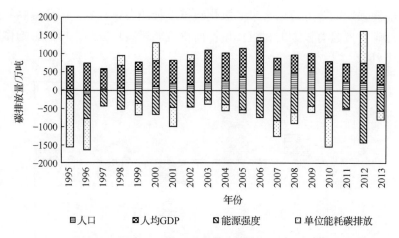

图 1-17 不同因素对北京市二氧化碳排放的影响贡献情况（1995～2013 年）

表 1-4 不同因素对北京市二氧化碳排放的影响详情（1995～2014 年）

（单位：万吨）

年份	人口	人均 GDP	能源强度	单位能耗碳排放	碳排放量变化
1995～1996	48.36	604.79	−232.99	−1314.92	−894.77
1996～1997	−101.82	746.38	−672.05	−857.05	−884.54
1997～1998	30.65	545.24	−425.91	22.43	172.41
1998～1999	58.46	629.40	−518.01	265.12	434.96
1999～2000	565.65	206.93	−364.11	−301.57	106.91
2000～2001	111.51	696.12	−659.09	502.95	651.48
2001～2002	204.20	616.93	−460.80	−529.52	−169.19
2002～2003	177.04	635.97	−452.35	170.04	530.70
2003～2004	209.49	891.39	−261.96	−113.96	724.96
2004～2005	265.71	758.67	−382.39	−173.17	468.82
2005～2006	379.60	775.82	−522.60	−85.05	547.77
2006～2007	461.66	902.73	−733.96	81.34	711.77
2007～2008	565.77	328.67	−825.93	−431.11	−362.60
2008～2009	496.43	487.09	−601.65	−295.23	86.64
2009～2010	554.05	463.49	−428.37	−166.74	422.43
2010～2011	292.59	503.28	−735.37	−799.05	−738.55
2011～2012	245.19	493.93	−482.79	−31.30	225.04
2012～2013	222.40	532.70	−1420.03	873.72	208.79
2013～2014	177.74	544.38	−559.86	−235.80	−73.53
1995～2014	4964.68	11363.91	−10740.22	−3418.87	2169.50

　　总而言之，通过 LMDI 分解分析法，深入分析得出影响二氧化碳排放的四大因素分别为人均 GDP、人口、能源强度、单位能耗碳排放，其中两个正向影响因素，即人口与人均 GDP，两个负向影响因素，即能源强度与单位能耗碳排放。其中人均 GDP 的正向推动作用最大，因而经济发展对于碳排放增加的确定性及严重性不容忽视，能源强度的负向控排效果最佳，因此积极推进技术进步与革新，提高自身的能效水平，对低碳发展具有极大的推动意义，而人口与单位能耗碳排放对二氧化碳排放产生的影响相对较小，人口增加会推动二氧化碳排放的增加，单位能耗碳排放的降低能直接影响北京市的碳排放水平，因而低碳技术的发展与完善也是十分重要的。

　　在经济不断发展的现实社会中，能源消费与二氧化碳排放的关系密不可分，本章从宏观的角度定性分析中国及重点研究对象北京市的能源利用与二氧化碳的排放情况，以北京市为例，用定量的 LMDI 方法分析了北京市能源利用的二氧化碳变化原因，最终从宏观经济及能源利用的角度为北京市的低碳发展提供宝贵的政策建议。

第2章　北京市三大产业低碳发展研究

　　能源作为社会发展的物质基础，与社会经济的发展保持着密切的关系。自改革开放以来，北京市经济发展取得了举世瞩目的增长，随着北京市现代化的进一步推进，能源与环境约束的影响逐渐凸显，节能降耗成为可持续发展过程中需要面对的重要问题。中国资源禀赋不均衡，煤炭的消费量一直占能源消费总量的大部分。煤炭的燃烧会带来环境的污染，因此，调整能源结构，减少煤炭使用量，是提高能源利用效率和改善生态环境的必由之路。北京市正处于工业企业及服务业等改革的关键时期，如何做到产业结构调整、节能减排和经济发展齐头并进，需要深入了解北京市当前产业发展现状，而第一产业、第二产业、第三产业作为产业端的能源消费占北京市能源消费总量的80%左右，因此深入分析北京市产业端能源消费与各种影响因素间的内在联系，量化影响产业端能源消费影响因素的差异，对提高北京市能源利用效率、优化产业结构具有理论和现实意义。由于近年来北京市能源消费与产业结构变动较大，尤其在2005～2014年，产业结构改变所引起的能源消费变得尤为明显，为了研究北京市产业能源消费变动的根本原因及提供更加合理的产业结构调整和改革建议，主要考察2005～2014年北京市产业能源变动驱动因素及其贡献。鉴于北京市产业能源消费变动情况较大，尤其是第三产业能源消费超过第二产业，本章在现状研究和深入分析下，探讨以下三个方面的问题：

- 北京市产业能源消费现状及其经济相关性
- 北京市产业能源消费影响因素及其贡献分析
- 北京市重点行业发展趋势及其能源效率

2.1 北京市三大产业能源消费碳排放现状

北京市产业结构调整较大，主要表现为高污染、高能耗部门的转移，低污染、低能耗服务业的快速发展。产业结构的调整，必然伴随着产业能源消费的改变，为了系统地研究产业结构，必须对北京市当前产业发展现状进行分析，本节主要从三大产业能源消费、能源消费与经济增长、能源消费结构、能源效率和主要部门能源消费情况五个方面展开分析。

2.1.1 产业能源消费总体呈上升趋势，产业间能源消费大

2014 年，北京市三大产业能源消费总量为 5326.6 万吨标准煤，占北京市能源消费总量的 77.97%，其中第一产业、第二产业和第三产业能源消费量分别为 91.7 万吨标准煤、1998.4 万吨标准煤、3236.5 万吨标准煤。1980 年北京市三大产业能源消费总量为 1764.7 万吨标准煤，其中第一产业、第二产业和第三产业能源消费量分别为 66.8 万吨标准煤、1400.3 万吨标准煤、297.6 万吨标准煤。1980~2014 年北京市三大产业能源消费量如图 2-1 所示。

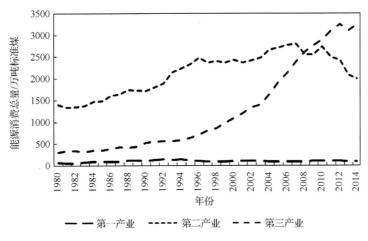

图 2-1 北京市三大产业能源消费量（1980~2014 年）
数据来源：北京市统计局（2005~2014）

1980~2014 年，北京市能源消费总量增加 3561.9 万吨标准煤。第一产业、第二产业和第三产业能源消费量分别增长 24.9 万吨标准煤、598.1 万吨标准煤和 2938.9 万吨标准煤。1980~2014 年北京市三大产业能源消费总量总体上是增长的，但第二产业能源消费总量近年来却在降低，而第三产业依旧保持大幅增长，这在一定程度上说明了北京市调整产业能源消费产生了积极的效果。同时第

二产业能源消费的下降和第三产业能源消费的上升，剔除高污染、高能耗产业，全面扶持高产出、低能耗的产业，正预示着北京市产业转型的积极效果，同时这也是全面建设以服务业为主体的大都市的需要。

从短期看，三次产业的变动对能源消费的影响程度为正，影响大小依次为第二产业、第三产业、第一产业。但是从长期看，第一产业的变动对能源消费的效应为负，第二产业和第三产业的变动对其效应为正（郭志军等，2007）。北京市产业结构调整与各产业能源利用效率的提高都促使其能源强度下降，但主要的动力还是来自产业结构的调整（赵晓丽和欧阳超，2008）。第二产业对能源消费总量的影响最大，灰关联度高达 0.905，产业结构地位不断提升，对 GDP 增长的贡献稳步上升，中国经济的增长主要依靠能源高消耗的第二产业来拉动；第一、第三产业和能源消费的关联性也较高，但第一产业的经济贡献呈下降趋势，第三产业稳步不前，对经济增长的贡献有限；在产业内部，工业是能源消费能力最强的行业，行业影响因子最高（曾波和苏晓燕，2006）。

2.1.2　能源消费与经济增长相互影响，三大产业变革加剧

2014 年北京市生产总值为 2.13 万亿元（当年价格），较 2013 年增长 7.70%。2014 年北京市三大产业能源消费总量为 5326.6 万吨标准煤，1980～2014 年北京市生产总值年增长 15.46%，三大产业能源消费总量年增长 3.21%，如图 2-2 所示。

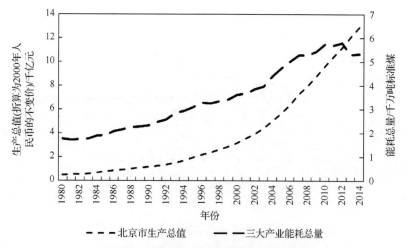

图 2-2　北京市生产总值和三大产业能源消费（1980～2014 年）
数据来源：北京市统计局（2005～2014）

1980～2014 年北京市经济发展与能源消费呈现显著正相关关系。工业对于推动一个地区的经济发展具有非常重要的作用，同时作为一个高耗能的行业，其

能源消耗在能源消费总量中也占据着十分突出的地位。1980 年，北京市第二产业能源消费占能源消费总量的 73.4％，其中工业能源消费占能源消费总量的 72.6％。与 1980 年相比，2014 年北京市第二产业的能耗占能源消费总量的 29.3％，其中工业能源消费占能源消费总量的 22.8％，工业能源消费的占比大幅下降，在一定程度上反映了产业调整的积极效果。

　　1980～2014 年北京市在调整产业结构方面做出的努力取得了丰厚的成果，第二产业的能源消费占能源消费总量的比例不断下降，34 年间下降了 44.20％，年均下降 2.31％，而第三产业能源消费占能源消费总量却是一个快速上升的趋势，由 1980 年能耗占总量的 15.6％，上升到 2014 年的 47.4％，年均增加 3.22％，如图 2-3 所示。可以预见，在不久的将来，北京市第三产业，即服务业的能源消费会持续增加，而第二产业，主要是工业的能源消费占比会下降，但下降的幅度也会减弱。

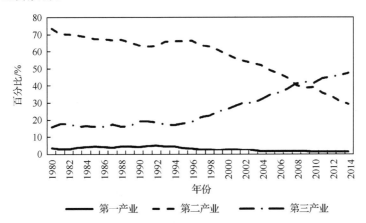

图 2-3　北京市三大产业能源消费占能源消费总量的百分比（1980～2014 年）
数据来源：北京市统计局（2005～2014）

　　北京市产业变化也正向着第三产业能源消费增加、第二产业能源消费减少的方向发展，而服务业的快速发展将带来经济结构的转变，也将带来产业间能源消费的变动，同时也会影响经济增长，图 2-4 反映的是 2005～2014 年北京市三大产业能源消费占产业端能源消费的百分比，第二产业能源消费占产业端能源消费的百分比呈下降趋势，2005～2014 年北京市第二产业能源消费占产业端能源消费的份额下降了 19.89 个百分点，而第三产业能源消费占产业端能源消费的百分比呈逐渐上升趋势，占产业端能源消费的份额上升了 20.00 个百分点，并且在 2008 年后第三产业能源消费超过第二产业能源消费总量。

　　经济增长与能源消费相互促进。中国经济增长对能源消费的影响具有非对称性。当 GDP 增长绝对下降时，能源消费比 GDP 有更快的下降速度；当 GDP 增

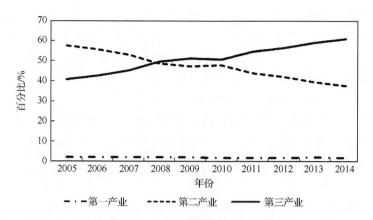

图 2-4　北京市三大产业能源消费占产业端能源消费的百分比（2005～2014 年）

数据来源：北京市统计局（2005～2014）

长率不超过 18.04％时，经济增长对能源消费的影响具有相对稳定性，能源消费对经济增长的弹性为 0.9592；当 GDP 增长率超过 18.04％时，能源消费较 GDP 有更快的增长速度，经济增长完全以能源的高消耗为代价（赵进文和范继涛，2007）。北京市能源消费和经济增长之间存在长期协整关系，进一步基于面板误差修正模型的格兰杰因果关系检验表明，北京市短期存在能源消费到经济增长的单向因果关系，长期能源消费和经济增长之间存在双向的因果关系。因此北京市在进行节能减排的过程中，必须考虑到能源消费减少对经济增长的负向作用，尽可能采取提高能源利用效率的措施，包括利用财政税收优惠政策鼓励节能技术的研发，在政府采购时要求产品在生产过程中采用节能技术，更关键的是积极探索能源价格机制改革，通过价格手段促进企业真正具备节能意识，主动节约能源，提高利用效率（胡军峰等，2011）。在讨论中国的经济增长与能源消费的相关性时，中国各产业能源消费结构中，工业对能源的消费量最大，但其与经济增长之间的关联度却很低，因此要加大对能源消费产业结构调整力度，大力发展服务类第三产业，逐渐引导产业朝高效低能的方向转变；适当控制高耗能产业发展，坚决淘汰高耗低效重污染的工业；同时批发零售贸易餐饮业能源消耗量少，但其对经济的关联度大，所以要大力发展批发零售贸易餐饮等新兴的生产服务业和生活服务业，提高它们在国民经济中的比例（付艳，2014）。

2.1.3　化石能源消费占据首位，非化石能源消费快速增长

2014 年北京市能源消费总量为 6831.2 万吨标准煤，其中煤、石油、天然气、电力和其他能源消费量分别为 1443.47 万吨标准煤、2223.92 万吨标准煤、1440.52 万吨标准煤、1670.67 万吨标准煤、52.49 万吨标准煤，而三大产业能源消费量占总消费量的 78％。2014 年北京市能源消费结构如图 2-5 所示。

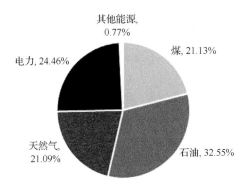

图 2-5　北京市能源消费结构（2014 年）

电力为排除火力发电的电力使用量，其他能源一般指可再生能源如太阳能、地热、生物质能等

数据来源：北京市统计局（2005～2014）

　　2014 年北京市能源消费总量中，煤、石油、天然气、电力和其他能源消费分别占能源消费总量的 21.13％、32.55％、21.09％、24.46％和 0.77％。与 2006 年相比，北京市在能源结构调整中，煤炭使用量占能源消费总量的比例下降明显，天然气作为较高热值、较为清洁的能源使用量显著增长，9 年间上升了 11.02％；作为清洁能源的电力，其使用量也由 2006 年的 10％上升到 2014 年的 24.46％；其他能源消费也发生变化，9 年间增长了 3.85 倍。2014 年北京市三大产业能源消费结构如图 2-6 所示。

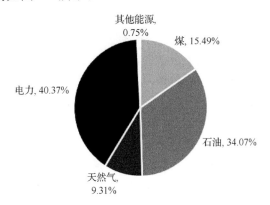

图 2-6　北京市三大产业能源消费结构（2014 年）

数据来源：北京市统计局（2005～2014）

　　2014 年北京市三大产业能源消费总量中电力能源消费量最大。第一产业中，煤、石油、天然气、电力消费分别占能源消费总量的 0.498％、0.267％、0.002％和 1.064％；第二产业中，煤、石油、天然气、电力和其他能源消费分别占能源消费总量的 5.974％、10.057％、2.429％、14.974％和 0.154％；第三产业

中，煤、石油、天然气、电力和其他能源消费分别占能源消费总量的 9.022%、23.750%、6.883%、24.354%和 0.599%。煤炭使用量的减少，天然气作为热值较高能源消费量的增加，电力和其他能源的快速增长，表现了北京市在能源消费结构方面进行的巨大调整。

中国天然气发展的三大革命性目标如下：天然气在一次能源消费中的比例超过 30%；建成覆盖全国各地、互联互通、高效安全灵活的现代化管网体系和应急调峰体系；形成以中国为中心的全球天然气人民币体系。实现中国天然气革命的四大战略举措如下：充分发挥资源优势，确保供应量快速增长；加大天然气利用力度，逐步成为全球最大的消费中心；加快输配系统建设，形成类似公路网、电网分布特点的天然气管网体系；加强合作，全力推进天然气人民币体系建设（陆家亮和赵素平，2013）。

在研究中国能源消费结构的规模效应和优化投入途径的基础上，调整和优化能源结构、加快技术进步、促进产业结构升级、加快新能源及可再生资源的开发和利用，是提高中国能源效率的有效途径（谭忠富和于超，2008）。可见，减少煤炭使用量，积极提高天然气、电力和其他能源消费，将进一步降低能源消费，提高能源利用效率，减少大气污染。具体到能源消费结构，煤炭、石油和天然气消费结构对能源供应安全和使用安全的影响是负向的，电力消费结构对能源供应安全和使用安全的影响是正向的；对能源供应安全起负向作用的煤炭、石油和天然气消费结构中，煤炭对能源供应安全影响最小，石油次之，天然气影响最大，电力对能源供应安全的影响力大于其他三者影响力之和；对能源使用安全起负向作用的煤炭、石油和天然气消费结构中，煤炭对于能源使用安全的影响最大，石油次之，天然气影响最小，电力消费结构影响力较小，但其影响力是正向的，由于其在能源消费结构中所占比例较低，未来有较大的提升空间（尹嘉慧，2014）。

2.1.4　产业能源效率稳步提升，提高能效是节能减排关键

能源强度衡量了一个地区能源利用效率的高低，同时对于能源资源的节约和生态环境的保护具有极其重要的作用。能源强度主要是指万元生产总值能耗。1980～2014 年北京市万元生产总值能耗如图 2-7 所示。

由图 2-7 可知，1980～2008 年是能源利用效率快速提高的阶段，主要通过改革开放引进先进设备，学习先进的管理经验，促使能源强度快速下降。1980 年北京市万元生产总值能耗为 13.72 吨标准煤，而 2014 年北京市能源强度下降至 0.36 吨标准煤/万元，能源强度的提高在一定程度上改善了能源短缺的现状，但相对于国外能源利用效率，北京市在能源利用效率方面还有待进一步提高，以北京市现有的产业形势来看，通过产业结构调整来大幅度减少能源消费已经到达瓶颈，而且产业转移也会伴随着产出减少，只有通过引进先进的能源利用技术，

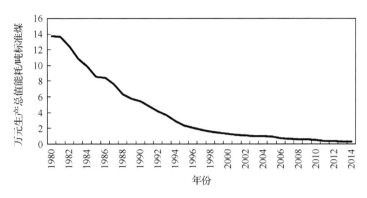

图 2-7 北京市万元生产总值能耗（1980～2014 年）
数据来源：北京市统计局（2005～2014）

淘汰陈旧设备，才能够极大地提高能源利用效率，做到节约能源消费，改善当前的生态环境和缓解紧张的能源需求。

能源利用效率的提高能够极大地促进能源消费量的减少。2003～2010 年制造业能源效率呈现先上升后停滞的阶梯形变化特征，行业间能源效率水平差异较大。能源结构显著影响能源效率，增加煤炭消费量对能源效率有显著负向影响，增加电力、石油的消费量对能源效率有显著正向影响（陈关聚，2014）。从能源政策入手，能源效率政策在考虑产业侧重时不能只关注产业自身，还需要从系统及结构的视角出发审视局部产业的能效提高对总体能耗的影响。提高能效可降低成本，从而促进能效提高产业的产出增长；形成反向的回弹效应并导致总体能耗进一步下降的原因是，能效提高产业的能耗下降抑制了能源产业的产出，减少了能源产业自身能耗及能源转换中的能源投入，能源结构偏向于二次能源的低能耗产业尤其借助了这一反向的回弹效应；低能耗产业能效提高的总体节能绩效优于高能耗产业（胡秋阳，2014）。进一步研究 R&D（研发投入）、进口、FDI（外商直接投资）水平溢出和后向溢出效应对能源效率的影响，R&D、进口、FDI水平溢出和后向溢出效应是能源节约型的，出口和 FDI 前向溢出效应是能源使用型的；R&D、FDI 水平溢出效应可以显著降低能源强度，R&D、FDI 水平溢出效应每增加 1%，能源强度将下降 0.19% 和 0.17%；FDI 前向溢出效应可以显著增加能源强度，前向溢出效应每提高 1%，能源强度上升 0.26%；有偏技术进步的要素替代效应是技术进步影响能源强度的主要渠道（王班班和齐绍洲，2014）。伴随经济转型的市场化、经济全球化及分权化等制度性因素是影响能源利用强度的重要因素，中国省区技术水平、产业结构、自然条件及能源消费结构与消费倾向同样显著影响中国能源利用强度。但是高能耗省区与低能耗省区的能源利用强度因素存在一定的差异。在高能耗省区，积极利用外商直接投资、技术创新等可以显著降低能源强度（贺灿飞和王俊松，2009）。因此，改善产业能源效率并不是单一因素决定的，而是统筹行业发展需求，建立良好长效的机制，提高能源利用技术，这样才能做到能源利用效率的提高，促进经济的健康快速发展及环境的优化。

2.1.5　行业能源消费变化显著，重工业比例正在逐步减小

2005～2014 年北京市三大产业间能源消费变动较大的同时，各行业能源消费也发生较大变化，主要表现在重工业行业，如高污染、高能耗的石油加工、炼焦及核燃料加工业，黑色金属冶炼及压延加工业等行业逐渐在产业结构调整过程中被取代。比较 2005～2014 年行业能源消费变化，特别是高耗能行业能耗变动情况，可以看出北京市在建设资源节约型、环境友好型社会方面的努力及做出的突出成效。表 2-1 列举了 2005～2014 年北京市主要行业能耗情况。

表 2-1　北京市主要行业能源消费变化（2005～2014 年）

（单位：万吨标准煤）

行业	2005 年	2006 年	2007 年	2008 年	2009 年	2010 年	2011 年	2012 年	2013 年	2014 年
石油加工、炼焦及核燃料加工业	662.2	704.2	689.2	705.8	678.0	585.0	621.7	564.7	468.5	477.2
化学原料及化学制品制造业	199.3	194.8	206.9	155.9	120.3	194.4	191.9	158.4	113.1	97.7
非金属矿物制品业	299.4	312.5	312.0	274.5	271.4	269.9	271.2	235.2	203.3	168.3
黑色金属冶炼及压延加工业	661.3	643.3	676.8	460.6	449.6	27.9	26.5	32.2	27.6	24.8
电力、热力生产和供应业	260.2	258.6	250.0	267.0	297.2	343.4	384.6	400.4	449.7	417.8
建筑业	103.4	102.7	108.8	119.8	151.9	167.0	159.1	150.5	127.9	124.9
交通运输、仓储和邮政业	563.4	717.6	840.8	994.0	1025.2	1104.8	1185.9	1235.1	1145.5	1204.2
批发和零售业	157.6	162.6	202.9	195.2	206.9	192.7	211.5	221.7	189.9	194.2
住宿和餐饮业	199.9	202.5	249.6	218.0	220.8	239.4	253.1	262.3	282.6	292.0
房地产业	306.7	308.9	318.4	346.1	364.2	389.6	391.2	411.5	377.0	374.9
租赁和商务服务业	115.3	121.9	127.8	165.5	191.3	182.5	182.6	196.3	189.0	210.5
教育	143.7	153.2	157.9	165.1	183.0	199.5	205.8	222.9	208.2	220.5

数据来源：北京市统计局（2005～2014）及著者整理得到

由表 2-1 可知，2014 年北京市主要行业石油加工、炼焦及核燃料加工业，化学原料及化学制品制造业，非金属矿物制品业，黑色金属冶炼及压延加工业，电力、热力生产和供应业，建筑业，交通运输、仓储和邮政业，批发和零售业，住宿和餐饮业，房地产业，租赁和商务服务业及教育行业能耗总量为 3807 万吨标准煤，占北京市总能耗的 55.73%，与 2005 年相比，这些行业变动为 −27.94%、−50.98%、−43.79%、−96.25%、60.57%、20.79%、113.74%、23.22%、46.07%、22.24%、82.57% 和 53.44%，作为高污染、高能耗的行

业，石油加工、炼焦及核燃料加工业，化学原料及化学制品制造业，非金属矿物制品业，黑色金属冶炼及压延加工业变动最大，其他行业如交通运输、仓储和邮政业，租赁和商务服务业能耗急剧增长，主要是由于北京市在加大产业转移的同时，积极调整产业结构，但由于人口的快速增长，对汽车的需求加大，导致交通运输、仓储和邮政业能耗的快速增长。图 2-8 显示了这些主要行业的变动趋势。

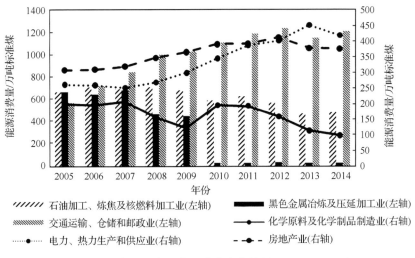

图 2-8　北京市主要行业能源消费变化情况（2005～2014 年）
数据来源：著者整理得到

2005～2014 年北京市电力、热力生产和供应业，交通运输、仓储和邮政业，住宿和餐饮业，租赁和商务服务业，教育行业发展较快，能源消费均保持正增长，其中交通运输、仓储和邮政业能源消费的增长最迅速，主要是由于北京市人口的过快增长和汽车拥有量的急剧增加；而作为高能耗、高污染的行业石油加工、炼焦及核燃料加工业，化学原料及化学制品制造业，非金属矿物制品业，黑色金属冶炼及压延加工业，其能源消费下降较为明显，显示出北京市产业结构调整的积极效果。

虽然城乡居民的新一轮消费结构升级有加剧中国重工业化的趋势，不利于低碳产业结构调整，但消费率的提高依然会使得产业结构向低碳方向演进，如果能源结构和各部门的单位产品能耗保持在 2005 年的水平，仅仅依靠产业结构调整，可使 2020 年生产能耗减少 17.65 亿～25.31 亿吨标准煤，二氧化碳排放量减少 39.31 亿～56.39 亿吨，使生产能源强度和生产碳排放强度下降 25.56%～31.01%，产业结构调整对实现中国碳强度目标的贡献最高可达 60% 左右（王文举和向其凤，2014）。从能源消费市场及产业政策方面，率先推动能源市场化改革，减少政府行政干预，采取产业政策、税收等手段，保持产业政策的持续性，重点培育战略性新兴产业市场。从产业演进的角度出发，目前战略性新兴产业还处于发展的初级阶段，需要政府出台相关政策予以扶持。在这种情况下，政府应保证相关政策出台的持续性，在保证长期投入的情况下，充分发挥大型国有企业的带头作用，加强技术投入，尽快填补核心技术的空白（李姝和姜春海，2011）。在分析行业能源消费的过程中，黑色金属行业作为第一"排放大户"，其排放走势对工业部门整体排放趋势具有关键性的影响；碳排放的变化具有明显的滞后效应，劳均产出和能源效率是对碳排放产生长期影响最强的两个因素（邵帅等，2010）。

2.2　北京市产业端能源消费影响因素分析

经济的快速发展带来了巨大的能源消费，2005～2014 年北京市产业端的能源消费总量增长了 1.13 倍，产业端能源消费年增长 1.23%，与此同时，北京市生产总值增加了 2.31 倍，年均 GDP 增长 8.73%，2005～2014 年北京市产业端能源消费年增长要远小于年均 GDP 的增长；而 2005～2014 年，北京市经济在高速增长的同时，产业端能源消费却保持较低的增长趋势。

图 2-9 反映的是 2005～2014 年北京市产业端能源消费总量、能源消费总量和产业端能源消费总量占能源消费总量的百分比。从图中可知，产业端能源消费增长趋于平缓，从 2006 年增长 6.10% 到 2014 年的增长 0.78%，产业端能源消费增长率下降趋势明显；而产业端能源消费占能源消费的百分比呈现下降的趋势，从 2005 年产业端能源消费占能源消费的 85.25% 到 2014 年的 77.97%，与此同时，2005～2014 年北京市的经济增长却保持 8.73% 的高速增长。

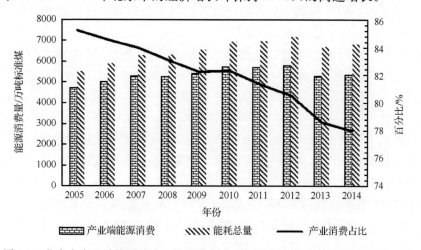

图 2-9　北京市产业端能源消费、能源消费总量及产业消费占比（2005～2014 年）

数据来源：北京市统计局（2005～2014）

北京市产业端各部门能源消费变化较大，第二产业、第三产业经济增长和能源消费变化趋势明显，在 2.1 节已详细分析。在产业能源消费方面，北京市进行了较大的调整，这种调整的力度和效果，值得关注和研究，并为以后北京市节能降耗提供参考。

面对北京市产业能源消费现状，要做到节能降耗就必须从理论上回答一系列问题：产业结构的调整的过程对于北京市未来的产业结构调整具有什么样的指导意义？产业端的能源消费与经济增长到底有什么样的相关关系？能源消费结构能否对于能源总量消费产生影响？要回答这一系列问题，都涉及一个最基本的问题，那就是什么原因推动了产业端能源消费的变化。因此，深入了解北京市产业端能源消费驱动因素研究，对于有的放矢地制定节能政策，应对气候变化，实施可持续发展具有重要的理论和现实意义。

实际上，北京市第三产业能源消费总量在 2008 年就已经超过第二产业的能源消费总量。北京市产业端能源消费一直占据能源消费总量的 80% 左右，由于只研究工业能源消费并不能反映北京市整个产业能源消费的特点，本节对北京市产业端能源消费影响因素进行了考察分析，在已有研究的基础上，运用 LMDI 模型，对北京市 2005~2014 年产业端能源消费影响因素进行分解，将涵盖 3 大产业的 5 个部门和 2 种能源，涉及 4 种影响因素。

2.2.1　LMDI 模型构建及数据说明

考虑到数据可得性、模型的适应性等因素，选择 LMDI 模型，把北京市产业端能源消费总量分解为"5 个部门"消费的"2 种能源"的加总。用模型可表示如下，等式中各变量的含义详见表 2-2。

$$E = \sum_{i=1}^{5}\sum_{j=1}^{2}E_{ij} = \sum_{i=1}^{5}\sum_{j=1}^{2}Y \cdot \frac{Y_i}{Y} \cdot \frac{E_i}{Y_i} \cdot \frac{E_{ij}}{E_i} = \sum_{i=1}^{5}\sum_{j=1}^{2}Y \cdot S_i \cdot I_i \cdot 2M_{ij} \quad (2\text{-}1)$$

其中，$i = 1, 2, \cdots, 5$ 分别表示农林牧渔业、工业、建筑业、商业、交通运输业；$j = 1, 2$ 分别表示各部门消费的 2 种化石燃料：煤炭、非煤能源。将煤炭消费量作为能源结构，来考察煤炭的结构效应对于产业端能源消费的影响（王兵等，2010）。

《中国统计年鉴》将经济部门划分为农林牧渔业、工业、建筑业、交通运输业。按照 2011 年的《国民经济行业分类》将工业部门的开采辅助活动等归入第三产业，并将"批发和零售业，住宿和餐饮业"与"其他行业"合并为"商业"（王锋等，2010）。

本节在原有分解模型的基础上，加入了 M_{ij} 变量用来讨论部门能源消费结构中煤炭的消费结构对于能源消费总量的影响，并进一步分析了煤炭的影响程度。

由于 Ang（2004）已经验证了 LMDI 模型的加法分解和乘法分解具有一致性，能够相互转换。考虑到适用性，本节运用加法分解法，其分解方程如下：

$$\Delta E_{\text{tot}} = E^T - E^0 = \Delta E_{\text{act}} + \Delta E_{\text{str}} + \Delta E_{\text{int}} + \Delta E_{\text{mix}} \qquad (2\text{-}2)$$

进一步分解得到各个变量的结果表示：

$$\Delta E_{\text{act}} = \sum_{i=1}^{5} \sum_{j=1}^{2} \frac{E_{ij}^T - E_{ij}^0}{\ln E_{ij}^T - \ln E_{ij}^0} \ln\left(\frac{Y^T}{Y^0}\right) \qquad (2\text{-}3)$$

$$\Delta E_{\text{str}} = \sum_{i=1}^{5} \sum_{j=1}^{2} \frac{E_{ij}^T - E_{ij}^0}{\ln E_{ij}^T - \ln E_{ij}^0} \ln\left(\frac{S^T}{S^0}\right) \qquad (2\text{-}4)$$

$$\Delta E_{\text{int}} = \sum_{i=1}^{5} \sum_{j=1}^{2} \frac{E_{ij}^T - E_{ij}^0}{\ln E_{ij}^T - \ln E_{ij}^0} \ln\left(\frac{I^T}{I^0}\right) \qquad (2\text{-}5)$$

$$\Delta E_{\text{mix}} = \sum_{i=1}^{5} \sum_{j=1}^{2} \frac{E_{ij}^T - E_{ij}^0}{\ln E_{ij}^T - \ln E_{ij}^0} \ln\left(\frac{M_{ij}^T}{M_{ij}^0}\right) \qquad (2\text{-}6)$$

补充公式：

$$L(E_{i,T}, E_{i,0}) = \begin{cases} (E_{i,T} - E_{i,0})/\ln(E_{i,T}/E_{i,0}), & E_{i,T} \neq E_{i,0} \\ E_{i,T}, & E_{i,T} = E_{i,0} \end{cases} \qquad (2\text{-}7)$$

表 2-2　模型中各变量的符号及其含义

变量	含义	变量	含义
E	能源消费总量	Y	经济总量
E_{ij}	第 i 个部门第 j 种能源消费	Y_i	第 i 个部门的产出
E_i	第 i 个部门的能源消费	I_i	$I_i = E_i/Y_i$，第 i 个部门的能源强度
S_i	$S_i = Y_i/Y$，第 i 个部门的产出占总产出的比例	M_{ij}	$M_{ij} = E_{ij}/E_i$，第 i 个部门第 j 种能源的消费量
ΔE_{tot}	能源消费总量变化量	E^T	T 时期的能源消费总量
ΔE_{act}	由产出因素引起的能源消费总量变化量	E^0	0 时期的能源消费总量
ΔE_{str}	由经济结构因素引起的能源消费总量变化量	ΔE_{int}	由能源强度因素引起的能源消费总量变化量
ΔE_{mix}	由能源消费结构因素引起的能源消费总量变化量	ΔE_{mixl}	由能源消费结构中煤炭结构因素引起的能源消费总量变化量

　　表 2-2 中经济总量、部门能源消费量和部门产出的数据直接来自 2006～2013 年的《北京统计年鉴》，经济总量和部门产出数据均以 2005 年的不变价格进行调整，产业端能源消费总量均以第一产业、第二产业、第三产业能源消费总量进行

加总，并换算成标准煤。各个部门煤炭的消费量均从 2006～2015 年的《北京统计年鉴》中分行业能源消费数据中得到，非煤能源是用总的能源消费量减去煤炭消费量，并换算成标准煤的统一形式。

2.2.2　三大产业能源消费驱动因素及其贡献

运用式（2-3）～式（2-7）计算时，以 2 年为间隔，把 2005～2014 年划分为 9 个时间段，分别进行计算。将能源消费总量的影响因素划分为经济规模变化、产业结构变化、能源强度变化和能源消费结构变化。实证分析结果见表 2-3。

表 2-3　北京市产业端能源消费增长驱动因素及其贡献（2005～2014 年）

（单位：%）

	变量名称	符号	2005～2006 年	2006～2007 年	2007～2008 年	2008～2009 年	2009～2010 年	2010～2011 年	2011～2012 年	2012～2013 年	2013～2014 年
	能源消费增长率	ΔE	6.10	5.71	−0.41	2.77	5.94	−0.61	1.57	−13.95	0.74
各种因素变动贡献	经济规模变化	ΔE_{act}	12.57	13.92	8.63	9.84	10.12	7.76	7.62	6.87	6.43
	产业结构变化	ΔE_{str}	−2.11	−1.46	−4.05	−1.64	1.48	−0.62	−0.42	−0.05	−0.24
	能源强度变化	ΔE_{int}	−4.36	−6.75	−4.99	−5.43	−5.66	−7.75	−5.61	−20.77	−5.45
	能源结构总变化	ΔE_{mix}	0.0009	0.003	0.0006	0	0.002	−0.001	−0.03	−0.003	−0.001
	能源结构炭变化	ΔE_{mix1}	−2.03	−1.85	−0.29	−1.28	−2.44	−1.40	−0.85	−1.58	−0.70

数据来源：著者整理得到

1）对各时期的驱动因素分析

每个时期产业端能源消费总量的增长速度和各驱动因素的贡献各不相同，此处只对具有研究价值的时期的驱动因素进行深入分析，对其他时期的分解结果只作简单的描述，由于能源消费结构的影响过小，主要对能源结构中的煤炭消费结构进行分析。

（1）2005～2006 年产业端能源消费增长率为 6.10%，正向的驱动因素主要是经济规模变化，其贡献为 12.57%。负向的驱动因素主要是产业结构变化和能源强度变化，其贡献为 −2.11% 和 −4.36%。

（2）2006～2007 年产业端能源消费增长率为 5.71%，正向的驱动因素主要是经济规模变化，其贡献为 13.92%。负向的驱动因素主要是产业结构变化和能源强度变化，其贡献为 −1.46% 和 −6.75%，能源利用效率的提高，能够有效地减少能源的使用。

（3）2007～2008 年产业端能源不同于前 2 个阶段，产业端能源消费有小幅度的下降，能源消费增长率为 −0.41%，主要是由于国际金融危机的冲击和北京举行奥运会，提倡节能减排。正向的驱动因素主要是经济规模变化，其贡献为

8.63%。负向的驱动因素主要是产业结构变化和能源强度变化,其贡献为
-4.05%和-4.99%。在此期间,商业生产总值增长了13.17%,能源消费增加
了4.38%,工业部门的生产总值增长了0.2%,而能源消费却减少了9.47%,
说明产业结构发生较大调整对于产业端能源消费的减少发挥了很大的作用。

(4) 2008~2009年产业端能源消费增长率为2.77%,正向的驱动因素主要
是经济规模变化,其贡献为9.84%。负向的驱动因素主要是产业结构变化和能
源强度变化,其贡献为-1.64%和-5.43%。

(5) 2009~2010年产业端能源消费增长率为5.94%,正向的驱动因素主要
是经济规模变化和产业结构变化,其贡献分别为10.12%和1.48%。负向的驱动
因素主要是能源强度变化,其贡献为-5.66%。此时产业结构变化为正值,主要
是由于工业产值占总的生产总值的份额增加,比2009年增加了0.88%,带动了
能源消费的增加。

(6) 2010~2011年产业端能源消费增长率为-0.61%,正向的驱动因素主
要是经济规模变化,其贡献为7.76%。负向的驱动因素主要是产业结构变化和
能源强度变化,其贡献分别为-0.62%和-7.75%。虽然工业部门生产总值在此
期间增加了7.5%,但能源消费却减少了230万吨标准煤,同时,虽然黑色金属
矿采选业在2011年增加值上升21.40%,但其能源消费却减少了366.69万吨标
准煤,可见能源利用效率的提高能够大幅减少能源的使用,主要是产业端特别是
工业部门能源强度提高,导致了产业端能源消费的减少。

(7) 2011~2012年产业端能源消费增长率为1.57%,正向的驱动因素主要
是经济规模变化,其贡献为7.62%。负向的驱动因素主要是产业结构变化和能
源强度变化,其贡献为-0.42%和-5.61%。

(8) 2012~2013年产业端能源消费增长率为-13.95%,正向的驱动因素主
要是经济规模变化,其贡献为6.87%。负向的驱动因素主要是能源强度变化,
其贡献为-20.77%。此时产业结构的效果已较弱。

(9) 2013~2014年产业端能源消费增长率为0.74%,正向的驱动因素主要
是经济规模变化,其贡献为6.43%。负向的驱动因素主要是产业结构变化和能
源强度变化,其贡献为-0.24%和-5.45%。

由于能源消费结构并不能清晰地反映产业端能源消费的变化,故而本节列出
了能源结构中煤炭消费量来反映能源结构对于产业端能源消费的影响,将煤炭消
费量作为能源结构,将其对于能源消费的影响符号表示为ΔE_{mix1}。从表2-3中能
清楚地看到能源结构煤炭消费变化对于产业端能源消费的影响是负向的,2005~
2014年,由于能源消费结构调整而少使用的产业端能源量为528.71万吨标准煤,
能源结构中煤炭消费的变化对于产业端能源消费总量的平均贡献为-1.45%,这
说明了通过调整能源消费结构中煤炭的消费量是能够减少产业端能源消费总量

的，这也说明北京市在节能减排和调整产业结构方面取得了突出的成效。

2) 从驱动因素的总量进行分析

2005~2014 年造成产业端能源消费增加的因素是经济规模变化，促进能源消费减少的因素是产业结构变化、能源强度变化，由于能源消费结构影响过小，考虑主要的影响因素，结果分析如表 2-4 所示。

表 2-4　产业能源消费变动的原因分析（2005~2014 年）

影响因素	贡献值/万吨标准煤	贡献率/%
经济规模变化	4429.57	1449.97
产业结构变化	−469.77	−153.78
能源强度变化	−3654.30	−1196.12

（1）正向的驱动因素。

在造成北京市产业端能源消费总量增加的主要因素中，经济规模的变化表现得最明显，贡献值为 4429.57 万吨标准煤。也就是说如果其他因素保持不变，经济规模从 2005 年的 0.70 万亿元，增加到 2014 年的 1.61 万亿元，产业端的能源消费总量会增加 3680.77 万吨标准煤。在这里，经济规模对于产业端能源消费的贡献率为 1449.97%，说明能源消费增加的主要正向的驱动因素在于经济规模的扩大。

（2）负向的驱动因素。

促进产业端能源消费减少的因素是产业结构变化、能源强度变化。产业结构变化的贡献值为 −469.77 万吨标准煤，贡献率为 −153.78%。能源强度变化对产业端能源消费的贡献值为 −3654.30 万吨标准煤，贡献率为 −1196.12%，由此可见，能源强度的提高对于产业能源消费的节能减排效果远优于产业结构的变化。

2.3　北京市产业能源消费和碳排放政策建议

2.3.1　北京市行业增加值与能源消费相互促进

能源消费是经济快速发展的重要推动力量，要研究经济增长与能源消费之间的内在关系，首先必须找出它们的联系。表 2-5 列举了 24 个部门的能源消费和经济产出占比。作为高耗能行业的石油加工、炼焦及核燃料加工业，黑色金属冶炼及压延加工业，化学原料及化学制品制造业等行业，它们在产业结构中的比例有了较大的变化。正是这种对于产业结构的调整，使高耗能的工业部门中石油加工、炼焦及核燃料加工业，非金属矿物制品业，黑色金属冶炼及压延加工业，化学原料及化学制品制造业能源消费的量大幅度下降，能源消费量占消费总量变化的下降幅度分别为 5.01 个百分点、2.96 个百分点、11.61 个百分点和 2.18 个百分点。另外，有色金属冶炼及压延加工业，化学原料及化学制品制造业，交通运输、仓储和邮政业，电气机械和器材制造业，金属制品业，仪器仪表制造业在产业结构中的份额下降幅度比较明显。

表 2-5　北京市产业结构和能源消费结构的变化（2005～2014 年）

部门	增加值占 GDP 比例的变化/个百分点	能源消费量占消费总量的变化/个百分点
金融业	3.69	0.50
汽车制造业	2.39	0.35
信息传输、计算机服务和软件业	1.34	1.22
批发和零售业	1.20	−0.01
石油加工、炼焦及核燃料加工业	0.63	−5.01
电力、热力生产和供应业	0.41	2.88
通用设备制造业	0.41	−0.14
非金属矿物制品业	0.18	−2.96
医药制造业	0.16	0.10
纺织业	0.02	−0.28
专用设备制造业	−0.02	−0.05
黑色金属矿采选业	−0.03	0.01
黑色金属冶炼及压延加工业	−0.16	−11.61
皮革、毛皮、羽毛及其制品和制鞋业	−0.33	−0.01
建筑业	−0.35	−0.05
酒、饮料和精制茶制造业	−0.45	−0.26
其他制造业	−0.60	−0.16
有色金属冶炼及压延加工业	−0.66	−0.04
计算机、通信和其他电子设备制造业	−0.79	0.31
化学原料及化学制品制造业	−0.95	−2.18
交通运输、仓储和邮政业	−1.34	7.42
电气机械和器材制造业	−1.55	0.07
金属制品业	−3.14	0.08
仪器仪表制造业	−3.74	0.02

数据来源：著者整理得到

服务业中批发和零售业、金融业的增加值占的份额分别提高 1.2 个百分点、3.69 个百分点，上升幅度比较大，但其能源消费变化却不是很明显，分别为

－0.01 个百分点、0.50 个百分点，主要是批发和零售业、金融业在产业结构调整中对于能源消费的节约和经济增长贡献较大；仪器仪表制造业、金属制品业、黑色金属冶炼及压延加工业等高耗能的行业规模的缩小，对于节约能源的贡献较大，化学原料及化学制品制造业和非金属矿物制品业增加值小幅度的变动就带来其能源消费较大减少，以上说明产业结构调整的确减少了产业端能源消费的使用，这有助于节约能源，保证较少的能源使用，创造出更大的经济产出。交通运输、仓储和邮政业的能源消费 2005～2014 年增加了 7.42 个百分点，其增加值下降了 1.34 个百分点，这说明交通运输、仓储和邮政业的能源消费值得关注。为进一步做到节能减排，需要关注相关行业快速增长的能源消费。由上述数据可知，技术的提高是降低能源强度的关键，技术效应是 1994～2009 年中国制造业能源强度变动的主导因素，贡献度达到 80％以上。此外，对于大部分制造业行业来说，技术效应是行业能源强度下降的主要动因（郑若娟和王班班，2011）。

2.3.2　北京市产业间重工业能源强度变动较大

2005～2014 年北京市能源强度变化的贡献值为－3654.30 万吨标准煤。能源强度变化对产业端能源消费的贡献率为－1196.12％。其中能源强度变化的具体情况如表 2-6 所示。

表 2-6　北京市能源强度的变化（2005～2014 年）

部门	能源强度的变化/（吨标准煤/万元）
石油加工、炼焦及核燃料加工业	－158.66
非金属矿物制品业	－77.87
黑色金属冶炼及压延加工业	－45.97
通用设备制造业	－4.54
纺织业	－1.56
汽车制造业	－0.98
黑色金属矿采选业	－0.69
电力、热力生产和供应业	－0.59
专用设备制造业	－0.54
建筑业	－0.19
医药制造业	－0.18
酒、饮料和精制茶制造业	－0.17
批发和零售业	－0.14
交通运输、仓储和邮政业	－0.13
信息传输、计算机服务和软件业	－0.02

部门	能源强度的变化/(吨标准煤/万元)
金融业	−0.01
电气机械和器材制造业	0.12
其他制造业	0.12
仪器仪表制造业	0.22
化学原料及化学制品制造业	0.39
皮革、毛皮、羽毛及其制品和制鞋业	0.59
有色金属冶炼及压延加工业	0.88
金属制品业	1.12
计算机、通信和其他电子设备制造业	3.07

数据来源：著者整理得到

　　根据 2005~2014 年北京市各个部门的直接能源消耗系数的情况，其中能源强度提高最快的五个行业分别为石油加工、炼焦及核燃料加工业，非金属矿物制品业，黑色金属冶炼及压延加工业，通用设备制造业，纺织业，其能源强度分别降低 158.66 吨标准煤/万元、77.87 吨标准煤/万元、45.97 吨标准煤/万元、4.54 吨标准煤/万元和 1.56 吨标准煤/万元。主要的重工业部门石油加工、炼焦及核燃料加工业，非金属矿物制品业，黑色金属冶炼及压延加工业能源强度下降明显，显示出各部门能源利用效率的进步，即生产单位产出所需要消耗的能源减少，故而在总产出不变的情况下，能源消费会相应减少（表 2-6）。实证分析结果表明，能源强度变化影响是两个负向影响因素中最大的。能源强度变化对减少能源消费的影响最显著，从而使得在经济大幅增长、高耗能部门快速扩张和增加值率不断下降的情况下，能源消费不至于增幅太大。

2.3.3　提高能源强度和调整产业结构是可持续发展的必由之路

　　通过对北京市产业能源消费进行研究，可以得出以下主要结论。

　　（1）总体来看，2005~2014 年北京市产业端能源消费总量年均增长 2.17%，其主要的正向驱动因素为经济规模变化，其平均贡献为 30.66%；负向驱动因素主要为产业结构变化、能源强度变化，其平均贡献分别为−4.40% 和−28.17%。

　　（2）抑制 2005~2014 年产业端能源消费总量增加最大的贡献因素是能源强度的下降，其贡献远超过产业结构的变化。与此同时，从单位 GDP 能耗来看，2014 年中国单位 GDP 能耗为 0.672 吨标准煤/万元（3.04 万吨油当量/亿美元），北京市单位 GDP 能耗属于全国最低，2014 年单位 GDP 能耗为 0.320 吨标准煤/万元（1.477 万吨油当量/亿美元）；然而，同期美国、日本、英国的单位 GDP

能耗分别为 1.080 万吨油当量/亿美元、0.828 万吨油当量/亿美元、0.659 万吨油当量/亿美元，与主要发达国家的单位 GDP 能耗还是有差距的，进一步降低能源强度是可行的，因此降低部门能源强度特别是工业部门的能源强度对于产业端能源消费的减少具有重要意义，同时对于节能和有效利用资源能源具有重要的作用。

（3）2007～2008 年，北京市产业端能源消费有小幅度的下降，降幅为 −0.41%，主要原因是产业结构的调整，首先是高耗能行业的增加值的大幅度下降，石油加工、炼焦及核燃料加工业、黑色金属冶炼及压延加工业产值分别下降 104.05% 和 52.94%，这 2 个行业能源消费比 2007 年下降 198.5 万吨标准煤。通过对产业结构的调整，能够大幅度减少能源消费的使用。2010～2011 年，北京市产业端能源消费的减少主要归因于能源强度的提高。虽然黑色金属矿采选业在 2011 年增加值上升了 21.40%，但其能源消费却减少了 366.69 万吨标准煤，可见能源利用效率的提高能够大幅减少能源的使用。

（4）对于能源消费结构中煤炭使用的影响，2005～2014 年，由于能源消费结构的调整，产业端能源量节约了 658.25 万吨标准煤，而能源结构中煤炭变化对于产业端能源消费总量的平均贡献为 −1.45%，通过积极地调整能源消费结构可以减少产业端能源消费总量，这同时也说明北京市在节能减排和调整产业结构中做出的努力取得了突出的效果。

（5）2005～2014 年产业结构变化对于产业端能源消费的贡献是负的，年平均贡献率为 −1.09%，且从变化趋势能够发现，产业结构对于减少能源使用效果是越来越小的。通过产业结构的调整减少能源的使用，达到节约能源的目的，是越来越困难的。从理论上讲，如果要做到节能减排，发展第三产业，逐步降低工业在经济中的比例将是一条有效途径。北京市已经在产业结构调整方面做出了很大的努力，要想进一步达到节能减排的效果，通过降低能源强度，减少能源消费结构中煤炭的使用量所产生的效果要远大于产业结构的调整。

随着北京市经济的持续发展，能源消费的总量还会继续扩大，将面对更加严峻的节能减排和环境保护的压力。本章认为促进产业端能源消费增加的主要因素是经济的快速增长，减少能源消费的主要原因是能源强度变化、产业结构变化和能源消费结构炭变化。由于中国煤炭的储量十分丰富，是主要使用的化石能源，所以需要北京市在节能减排和保护环境方面做出更大的努力，在快速发展经济的同时，积极调整能源消费结构、产业结构和能源利用效率。

第3章　低碳约束下北京市工业部门发展能力研究

　　中国正处于城市化、工业化和现代化的快速推进阶段，能源消费量预计还会增长，并且能源品种仍以煤炭为主。从最终使用的角度来看，工业、居民和交通构成城市碳排放的三个主要来源。工业部门作为主要的能源消费部门，降低工业碳排放更是降低城市碳排放的关键。北京市作为低碳城市试点，对我国大范围推广低碳政策有引导和借鉴作用。同时，北京市作为首都也有减排的需求和示范的责任。

　　本章通过将碳生产力等低碳指标纳入传统工业评价指标体系，构建低碳约束下的工业综合评价指标体系，从工业行业的低碳约束、规模效益、发展效率和发展实力四方面来分析各指标下的战略产业，探讨各工业部门在综合指标下的发展能力，从而给出北京市今后低碳工业的发展方向。本章主要研究以下四个问题：

- 北京市二氧化碳排放与工业产出关系
- 北京市工业能源消耗与二氧化碳排放现状
- 北京市各个工业部门发展能力
- 低碳约束下北京市优先发展的工业部门

3.1　发展低碳工业对北京市节能减排具有重大意义

近年来雾霾现象发生频率逐渐增加。对北京地区 PM2.5 化学构成的分析结果显示，工业污染为主要来源之一，其贡献率高达 25%。因此，大力发展低碳工业对提高北京市空气质量、实现低碳经济具有重大意义。北京工业快速发展，但对其工业能源消耗与碳排放的研究极少。本章通过对近年来北京市工业能源消耗与碳排放开展研究，分析工业二氧化碳排放现状，在此基础上对工业低碳发展能力进行评价。

3.1.1　从产业结构和技术创新角度设计减排路径

低碳经济的发展模式是人类经济社会发展到一定阶段的必然产物。低碳工业的实质是低能耗、低污染、低排放的绿色生产模式；核心是能源利用和碳减排技术的创新、调控机制的创新；目标是工业生产与碳排放分离，社会、经济、生态环境相得益彰，实现清洁生产和可持续发展。

现有研究普遍认为低碳工业具有以下特征：由低碳能源技术和可再生能源技术支持，单位 GDP 能耗明显减少，可再生能源占主导地位；生产过程中，物质与能量在各个生产链条能够循环利用，减少资源浪费，实现污染物零排放；具有健全的碳排放市场交易机制，工业生产与碳排放之间并无必然联系。

产业结构优化与转型促进减排。Bergman 和 Eyre（2011）认为大力促使新能源产业成为新兴产业，具有间接实现低碳经济的社会效应，从而减少二氧化碳排放总量。Lin 等（2007）认为高耗能资源密集型产业向低碳产业的过渡，是促进低碳经济发展的必经之路。Shimada 等（2007）也得出了改进产业结构和增强技术创新对发展低碳经济具有一定作用。在工业产业的低碳发展路径问题上，Xu 等（2006）建立了一个长期的自底向上的综合评价模型来分析最优的技术发展路径，分析水泥产业减排潜力和减排成本。Tsai 等（2015）在不同的碳减排目标和低碳发展的情况下，使用 MARKAL 能源工程模型模拟技术和碳税结合的效果，从技术角度分析了九种碳减排路径，为台湾地区的经济领域发展提供依据。

针对北京市的工业碳排放问题，黄思宁和薛婷（2013）结合国家"十二五"规划时期工业转型升级政策要求，从要素基础、现状特点、外部环境、发展潜质和结构特性五个方面设置综合评价指标体系，采取指数加权移动平均方法，动态监测北京、上海和广州的工业转型升级进程和特点，得出北京市工业转型升级的政策建议。李晓华和廖建辉（2014）认为工业并不等同于高污染、高能耗、技术落后、占地多，为促进北京经济的持续健康发展，北京工业的增长速度和工业比例应该保持相对稳定，重点发展清洁、高附加值的高端制造业和战略性新兴产业。

3.1.2　碳排放的因素、计算和评价方法

关于二氧化碳排放量及其相关评价的研究方法主要有两类：一类是对影响碳排放因素的研究方法，具体包括因素分解法和投入产出法；另一类是指标体系构建的方法，如本章采用的 Weaver-Thomas（以下简称 W-T）模型。

因素分解法将影响研究对象的若干组成要素进行分解，并逐一研究各要素的影响程度，从中得到影响程度较大的因素。由于相关数据的可获取性，可进行时间序列分析和跨国比较分析，所以近年来在社会经济研究中得到广泛的应用。目前学者主要基于 Kaya 恒等式、IPAT 方程、STIRPAT 模型等方法进行二氧化碳排放因素影响研究。

投入产出法是计算碳排放的重要方法。以工业部门为例，该模型将碳排放测算分为三个层次：第一个层次是在生产和运输过程中的直接碳排放；第二个层次是在工业部门全生命周期中的间接碳排放；第三个层次是在工业部门整个生产过程中所有的直接和间接碳排放。投入产出法综合考量了直接需求和间接需求，更加详细地分析了影响要素。由于国家统计局每 5 年对相关经济数据进行一次调研和整合，数据在频次和时效性上均有所欠缺，本章不采用此方法。

W-T 模型是由韦弗（Weaver）提出并经托马斯（Thomas）改进的组合指数模型。模型实质是把假设分布与实际分布相比较，以建立一个最接近的近似分布。通过各项工业评价指标对地区各工业部门进行定量分析，筛选出在综合各项指标下具有优势的战略产业。

罗泽举等（2010）通过改进 W-T 模型传统算法中根据经验分布与假设分布比较确定战略产业的方法，分析了 12 个工业行业发展情况，使战略产业选择模型的结果更加合理。张喆和罗泽举（2011）利用 W-T 模型构建九大指标，选出甘肃省九大产业并提出相应发展思路。赵金煜和信春华（2012）运用 W-T 模型选择威海市的区域主导产业，并说明了区域产业结构优化方法，结果表明 W-T 模型具有较好的效果及现实意义。林珂和郭政言（2013）运用 W-T 模型构建包含低碳指标的工业产业发展评价指标，对甘肃省工业产业在低碳约束下的发展能力进行分析，并给出了发展路径建议。冯超和马光文（2013）为研究低碳工业主导产业的选择问题，提出固定常规指标加可变碳指标的指标设置方法，采用 W-T 模型得出四川省低碳工业主导产业的优选结果，与四川省"十二五"工业发展规划拟合良好。黄蕾等（2014）从地区优势、潜力产业、产业联动和低碳经济四方面构建了地区低碳优势产业评价体系，运用熵权法和 W-T 模型对低碳推广城市南昌的产业部门进行评价和选择。陈卫东和吴丹（2014）选取我国 31 个地区

2011 年相关能源产业数据，运用改进后的 W-T 模型确定我国能源产业的重点发展地区，并对优选结果进行复杂网络分析，认为能源产业应以西部地区作为核心区域。

3.2　北京市工业产出与碳排放的关系研究

本节通过分析北京市工业产出与能源消耗、二氧化碳排放情况，揭示北京市工业行业近年呈现出的碳减排趋势，体现北京市作为首都对低碳发展政策的执行力度，显示出北京市工业行业的巨大减排潜力。以下从定量角度分析北京市碳排放的影响因素和主要驱动因素。

3.2.1　基于人口、经济增长和技术进步的碳排放影响因素模型

1）STIRPAT 模型构建

早在 1971 年，Ehrline 等研究人员就针对经济增长与二氧化碳排放的关系提出著名的 IPAT 模型，该模型指出，人口、富裕程度和技术因素的综合作用导致了环境问题的产生（Ehrlich and Holdren，1971）。模型的具体表达式如下：

$$I = P \cdot A \cdot T \tag{3-1}$$

式中，I、P、A 和 T 分别代表环境问题、人口数、财富对数（通常用 GDP 表示）和技术进步。如果 I 用二氧化碳排放量来表示，IPAT 模型就可以转换为 Kaya 模型。该模型具体的表达式为

$$CO_2 = P \cdot \frac{GDP}{P} \cdot \frac{E}{GDP} \cdot \frac{CO_2}{E} \tag{3-2}$$

在 Kaya 模型中，富裕程度用 GDP/P（人均 GDP）来表示；技术进步用 E/GDP（能源强度）和 CO_2/E（能源利用结构）的乘积来表示。该模型的缺陷在于，如果模型中所有的因素以相同的比例变化，则无法进行假设检验。Dietz 和 Rosa（1994）在该模型中引入了随机因素来克服这一缺陷。新的模型构建了包含人口、富裕程度和技术的随机回归影响模型（STIRPAT），同样用二氧化碳排放来代表环境影响，则模型表达式为

$$CO_2 = \lambda P^{\theta_1} A^{\theta_2} T^{\theta_3} \varepsilon \tag{3-3}$$

在以上三个关于环境问题和经济增长之间关系的模型中，人口、富裕程度和技术进步是影响二氧化碳排放的重要因素。但是近期研究表明，二氧化碳排放量或受到其他未知变量的影响。为减少因遗漏变量所产生的结果偏误，在 STIRPAT 模型的基础上引入其他解释变量和控制变量，采用面板数据模型对北京市

工业部门产出增长与二氧化碳排放的关系进行分析。

面板数据分析在碳排放相关研究中运用广泛。綦建红和陈小亮（2011）利用中国工业部门面板数据分析了进出口与能源利用效率，认为增加出口会降低能源利用效率，增加进口会提高能源利用效率；不同行业进出口对能源利用效率的影响差异显著。李凯杰和曲如晓（2012）基于省际动态面板数据分析了碳排放对技术进步的影响，结果表明技术进步会负向地影响碳排放且本期影响小于上期影响，即技术进步对环境问题的影响存在时滞。

另一些研究使用历史数据检验碳排放与经济增长之间的碳库兹涅茨线（CKC）假说。Apergis 和 Payne（2009）利用面板数据研究了美国中部地区二氧化碳排放、能源使用和输出之间的关系，认为长期情况下能源消耗越多，二氧化碳排放越多，从而验证了倒 U 形的 CKC；但短期内却不存在这种关系。林伯强和蒋竺均（2009）的研究结论显示，中国的 CKC 理论拐点所对应的人均收入是37170 元，大约出现在 2020 年，但实证预测显示 2040 年仍然不会出现拐点；除了人均收入，其他因素如能源强度、产业结构和能源消费结构都会对环境问题有明显影响。

本节采用的截面数据模型形式如下：

$$\ln CO_2 = \beta_1 \ln A + \beta_2 \ln FA + \beta_3 P + \beta_4 AA + \beta_5 Trade + \mu \qquad (3\text{-}4)$$

其中，CO_2、A、FA、P、AA 和 $Trade$ 分别代表在某年北京市工业部门某行业的二氧化碳排放量、总产值、固定资产价值、平均用工人数、增加值和出口总产值，分别指代模型中的环境问题、总财富、经济增长、人口规模、贸易规模等。以工业总产值表示行业的经济增长，作为核心解释变量；以固定资产价值、平均用工人数、增加值和出口总产值作为控制变量。μ 代表随机误差项。二氧化碳排放量、行业总产值和固定资产总值做对数处理，以消除量纲差异。

2）变量选择依据

低碳经济要求在实现发展目标的同时尽可能减少能源消耗。然而，以重化工产业为主导的中国工业化进程不可避免地要消耗大量能源（付允等，2008）。1984～2014 年，北京市级规模以上企业工业总产值迅速增加，由 1984 年的276.2 亿元增加到 2014 年的 18452.9 亿元，增幅约 66 倍。同时，工业部门二氧化碳的排放量也不断变化。根据计算，2012 年二氧化碳排放量为 4300 万吨；2013 年略有下降，减少到约 3826 万吨；2014 年与 2013 年基本持平，为 3857 万吨。

行业的平均用工人数是该行业技术水平的重要指标。随着科技的发展，传统的劳动密集型行业生存越来越艰难，机器设备对劳动的替代比例越来越大。同时，行业中科研人员所占比例也会越来越大，这是行业人力资本的积累和对技术进步的投资。Cole 等（2008）研究发现，能源消费和人力资本对工业污染具有正向影响，而研发活动和生产率的提高则有助于减少污染。根据内生经济增长理论，经济持续增长的一个关键因素就是人力资本的积累。王曾（2010）利用1953～2008 年的数据研究了人力资本、技术进步与二氧化碳排放的关系，结果表明随着人力资本积累的增多，碳排放量有增加的趋势。

行业增加值是一个行业技术进步的直观表现。魏巍贤和杨芳（2010）运用1997～2007 年中国省市面板数据，结合内生增长理论和环境污染模型对我国二氧化碳排放的影响因素进行实证分析，得出了自主研发、技术引进对我国二氧化碳减排具有显著的促进作用的结论。

固定资产是影响总产值的重要因素，与二氧化碳的排放有着紧密的联系。王中英和王礼茂（2006）探讨了中国 GDP 增长与碳排放量的关系，指出两者有显著的相关关系。未来在全球化背景下，经济增长需要更多地依赖科技创新、技术进步和制度改进，以实现多产出、少消耗。通过调整产业间结构，改变经济增长方式，在降低碳排放强度的同时促进经济发展。

贸易规模变化具有环境效应。贸易规模一般用出口总产值来表示。王曾（2010）发现贸易开放度对二氧化碳排放具有正向促进作用。李秀香和张婷（2004）的结论与前者不同，认为出口的增长并没有带来人均二氧化碳排放量的大量增加，反而在一定程度上减少了人均二氧化碳的排放。

3.2.2 北京市工业总产值是碳排放的主要驱动因素

本节利用北京市工业部门各个行业的相关数据，运用普通最小二乘法回归来分析二氧化碳排放和经济增长之间的关系。鉴于数据可获得性，采用 2013 年和2014 年两年数据。由于单一年份样本量较小，将两年数据合并成截面数据进行分析，即在回归中加入虚拟变量 year，数据来自 2013 年则为 1，否则记为 0。二氧化碳排放量的核算基于分行业能源品种的消费数据，将每个能源品种从实物量转化为标准量，再分别乘以排放因子及氧化率，从而得出分行业的二氧化碳排放量。各变量描述性统计见表 3-1。

表 3-1　模型变量的描述性统计

解释变量	观测值个数	平均值	标准差	最小值	最大值
平均用工人数/人	71	32411	32918	337	142515
出口总产值/万元	71	409907	1621166	0	10200000
固定资产/万元	71	1709805	4571282	6131	27500000
碳排放量/万吨	71	1086444	4852062	2100	29500000
行业总产值/万元	71	4999419	8879816	23224	40900000
增加值/万元	71	963867	1610374	5964	7323035

数据来源：国家统计局（2013；2014）和著者整理

　　表3-2展示了经济增长对二氧化碳排放影响的估计结果。

　　(1) 行业总产值对于行业碳排放量的影响既在统计上显著,也在经济上显著。工业总产值系数表示二氧化碳排放量随工业总产值变化的弹性。结果显示,工业总产值变动1%会引起二氧化碳排放量增加0.5%,与环境库兹涅茨曲线理论相吻合。

表3-2　经济增长对二氧化碳排放影响的估计结果

解释变量	系数	标准差	T值	P值
行业总产值 (ln)	0.50083*	0.135562	3.69	0.000
平均用工人数	0.0000161	1.12×10^{-5}	1.44	0.156
出口总产值	-3.04×10^{-7}*	1.14×10^{-7}	-2.68	0.009
固定资产 (ln)	1.95×10^{-7}*	5.32×10^{-8}	3.67	0.000
年份 (2013)	0.049327	0.263352	0.19	0.852
行业增加值	-3.19×10^{-7}	2.28×10^{-7}	-1.40	0.167
常数项	4.096766	1.775473	2.31	0.024

　　注: *表示该系数拟合结果在1%的显著性水平下显著;被解释变量为二氧化碳排放量 (ln)

　　(2) 平均用工人数与行业二氧化碳排放之间不存在显著的相关关系。理论上讲,人力资本的提升可以显著提高一国的技术水平,从而降低单位产值二氧化碳排放,改善环境质量。但是现有实证研究关于影响的方向和程度存在分歧。

　　(3) 出口总产值的增加会降低二氧化碳的排放。然而有研究指出,贸易规模的扩大可能会增加二氧化碳的排放量,从而对环境质量产生负的影响,这可能与二氧化碳具有更强的空间外溢性、更明显的环境负外部性有关。因此,贸易规模的效应研究尚未达成一致结论。

　　(4) 没有证据表明固定资产水平会影响行业二氧化碳排放。面临愈加严峻的资源与环境约束,必须确保经济发展、能源消耗和环境保护三者的协调发展,使中国在气候谈判中更有发言权,减轻减排压力。

　　结果表明,行业总产值和二氧化碳排放之间存在显著相关关系,这与现有大部分研究结论相一致。根据主要结果分析提出以下建议。

　　(1) 优化能源结构。中国作为发展中国家,为了维持基本发展,"生存排放"难以避免,但应加强自我约束,调整能源消费结构,摒弃原有的粗放型发展模式,选择一种既符合基本国情,同时在环境、经济和技术等方面都可以接受的发展模式。

　　(2) 优化贸易结构。对巴西和秘鲁等拉美国家的研究显示,出口的迅速扩大可能是造成这些国家能源供给紧张的一个重要因素。目前,环境压力日益增大,需要采取措施降低高能耗产品出口比例,鼓励出口企业进行技术改造,降低出口产品生产的能耗。

（3）转变消费观念，鼓励低碳消费。尤其是在中国等发展中国家，低碳消费的观念尚未形成，应加强对消费者的宣传教育。

（4）加速城镇化进程。把城镇化作为发展低碳经济的有利时机。随着生活水平的提高，居民对生活质量的要求也会相应提升，对于清洁技术的采纳程度也会有所上升。

（5）鼓励技术进步，加强对节能、环保、低碳、绿色技术的投入。提高能源利用效率和生产效率，注重环保技术的创新和升级，依靠清洁技术减少二氧化碳的排放。同时要积极扶持新能源企业，推动节能材料的普及。

3.3　北京市工业行业能源消耗与碳排放现状

3.3.1　北京市低碳政策初见成效

北京市能源消费总量由 1980 年的 1907.7 万吨标准煤上升至 2014 年的 6831.2 万吨标准煤，自 2010 年以来虽然增长幅度有所放缓，但已达到 2000 年年初的 1.6 倍。第二产业作为经济发展的支撑力量，一直占据较高的能耗比例。随着产业结构不断优化，第二产业能耗比例呈现下降态势，占总能耗比例由 1980 年的 73.4％下降为 2014 年的 29.3％。由此可见，北京市在推行低碳发展的道路上，做出了巨大的努力。本节通过分析北京市工业能源消费和二氧化碳排放现状，试图厘清北京市优化低碳发展的实现路径；同时阐述北京市产业优化发展的政策调整及低碳工业行业的发展现状，探索出低碳发展的新途径。

由于近年来居住环境恶化的压力，北京市大力调整产业结构、发展非工业产业，相应地，第三产业和居民生活的能耗比例呈现出显著的增长态势，如图 3-1 所示。因而，通过遴选出具有综合发展力的工业部门，在不分散第三产业发展推动力的前提下有针对性地优化发展，有利于资源配置效益的最大化，实现经济又好又快发展。

北京市工业发展在低碳约束大发展背景下所贯彻的提高能效、节能发展的政策已初见成效，工业的万元 GDP 能耗由 2001 年的 2.46 吨标准煤下降为 2014 年的 0.52 吨标准煤。此外，以工业为代表的第二产业作为早期发展的支柱行业，近年来在执行低碳发展、追求技术进步、推行节能发展模式上付出巨大努力，实现能耗大幅下降。由此可见，工业行业作为北京地区经济发展的基础行业，具备较大的低碳发展及调整潜力。因此，应进一步选取具备综合发展力的工业行业进行调整优化。

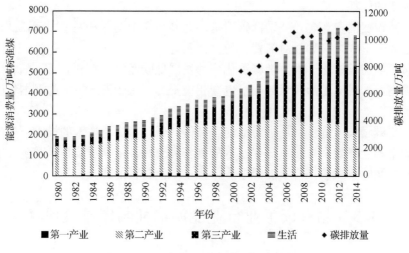

图 3-1　北京市能源消费情况及碳排放量

数据来源：北京市统计局（2015）

3.3.2　高耗能行业碳排放居高不下

能源消费与二氧化碳排放密切相关。随着能源消费的增长，北京市碳排放量也在不断增加。二氧化碳排放由 2000 年的 700 万吨增长为 2014 年的 1.1 亿吨，虽然增速有所波动，但总量整体呈现上升趋势。然而，北京市工业行业的碳排放量自 2012 年以来在不断减少，由 2012 年的 4300.32 万吨下降为 2014 年的 3860.68 万吨；占北京市碳排放量的比例也由 2012 年的 43％下降到 2014 年的 35％。这与北京市近年来工业行业能源消费的减少是息息相关的。

通过细化研究工业行业近 3 年碳排放情况发现，电力、热力生产和供应业作为能源消耗、转换、供热等环节的行业，排放增速较快。究其原因，本书认为：一方面，北京经济发展对于电力及热力的需求较高，从居民角度分析，北京地处中国地区北方，冬季对于发电及供热的需求较大；另一方面，北京的能源使用系统较低效，在发电及供热中的能源利用欠充分，生成大量的废气排放，严重影响北京生活环境的质量。

2014 年碳排放量排名前十的行业多为高耗能的制造业，如石油加工、炼焦及核燃料加工业，非金属矿物制品业，化学原料及化学制品制造业，黑色金属冶炼及压延加工业，汽车制造业等。其中石油加工、炼焦及核燃料加工业排放比例有所下降，而汽车制造业排放始终占据较大比例。

随着中国经济持续发展，人们对于汽车出行的需求增强，使得追求自主创新的汽车制造业变得炙手可热，国内汽车制造业取得空前发展。北京汽车集团有限公司作为中国汽车制造业的一个重要组成部分，对于近年来北京市汽车制造业的发展具有极大的推动作用与代表性。但在北京大力发展汽车制造业的同时，产业碳排放情况也在不断加剧。随着居民生活水平的不断提高，诸如烟酒、饮料、食品的需求量不断增长，导致相关制造业同样也产生了大量的碳排放，行业碳排放量居高不下。限制高耗能、高排放行业的碳排放变得迫在眉睫，北京市政府应加大政策管控力度，严控高耗能行业碳排放，才能更好地实现经济的健康发展。

3.4　北京市工业行业的综合评价研究

本节通过构建北京市工业产业的竞争指标体系，对工业内不同产业进行比较，综合各项指标优选出北京地区具有核心竞争力的战略产业，从而找到北京市工业节能减排的最佳方向。

3.4.1　北京市工业行业评价方法与指标

W-T 方法作为工业战略部门分析的优选模型，能够克服单指标评价的缺点，协调多方面指标约束。本节采用该模型，将所有工业部门在各个指标下的指标值从大到小进行排序，对北京市工业分行业竞争力进行评价。

（1）假设所有工业部门都作为该指标的主导产业，计算出各产业 WT 值，具体公式如下：

$$\mathrm{WT}_{nj} = \sum_{i=1}^{M} \left(C_i^n - 100\mathrm{EN}_{ij} \bigg/ \sum_{i=1}^{M} \mathrm{EN}_{ij} \right)^2 \tag{3-5}$$

$$C_i^n = \begin{cases} 0, & i \leqslant n \\ 100/n, & i > n \end{cases} \tag{3-6}$$

其中，WT_{nj} 为重新排序后在第 j 项指标下假设主导产业为 n 时的 WT 值；EN_{ij} 为第 i 产业的第 j 项指标值；M 为产业个数。

（2）确定各个指标下的主导产业个数，再将所有指标各自对应的战略个数进行算术平均，所得值为综合指标下的战略产业个数。

（3）把第 i 工业部门在第 j 项指标下的排序值构成一个工业战略产业综合排序矩阵，并对每个指标所占权重进行赋值。根据第（2）步确定的战略产业个数，排列在前的行业即为所选的地区主导产业。排序矩阵如下：

$$\boldsymbol{A} = \begin{pmatrix} A_{11} & \cdots & A_{1N} \\ \vdots & & \vdots \\ A_{M1} & \cdots & A_{MN} \end{pmatrix} = \{A_{ij}\}_{MN} \tag{3-7}$$

其中，A_{ij} 为第 i 产业在 j 项指标下的排序值；N 为指标个数，则低碳工业主导产业综合排序值为

$$B_i = \sum_{j=1}^{N} e_j A_{ij} \tag{3-8}$$

其中，e_j 为第 j 项指标的权重。

结合北京市工业发展特点，构建北京市工业发展评价指标如表 3-3 所示，从定量的角度对工业部门发展能力进行评价。四类评价指标分别为工业规模效益（产值规模、就业规模和利润规模）、工业发展效率效益（劳动生产率）、工业发展效益（销售利润率）和低碳效益（碳生产力和碳强度竞争力）。

表 3-3　工业部门发展能力评价指标

一级指标	二级指标	具体释义
低碳效益	碳生产力	工业部门每单位二氧化碳排放所带来的工业产值增加值
	碳强度竞争力	工业部门碳排放强度对地区碳排放强度的贡献
规模效益	产值规模	工业部门总产值在地区工业总产值中所占比
	就业规模	工业部门就业人数在地区工业就业人数中所占比
	利润规模	工业部门利润额在地区工业利润总额中占比
效率效益	劳动生产率	工业部门每单位劳动投入带来工业产值增加值
发展效益	销售利润率	工业部门每单位销售收入带来的利润值

3.4.2　制造业普遍具有碳生产力优势

将碳生产力定义为每排放单位二氧化碳所得到的行业产值的增量，对北京市工业部门的碳生产力进行评价，分析如下。

1) 高新技术产业的碳生产力名列前茅

遴选出 15 个在碳生产力指标下具有发展优势的行业，分别为计算机、通信和其他电子设备制造业，煤炭开采和洗选业，仪器仪表制造业，电气机械和器材制造业，医药制造业，专用设备制造业，汽车制造业，通用设备制造业，水的生产和供应业，铁路、船舶、航空航天和其他运输设备制造业，有色金属冶炼及压延加工业，皮革、毛皮、羽毛及其制品和制鞋业，其他制造业，纺织服装、服饰业，印刷和记录媒介复制业。

在碳生产力的指标评价下，表现较好的均为高新技术行业，如计算机、通信和其他电子设备制造业，汽车制造业，通用设备制造业，铁路、船舶、航空航天和其他运输设备制造业等。北京市作为我国的政治与文化中心，高校云集，科技研发实力雄厚，为计算机、通信和其他电子设备制造业等高新行业的发展奠定了

坚实的基础。凭借"中国硅谷"中关村，成为计算机等高新技术行业的重要聚集地，创造了计算机等高新技术发展园区，对我国自主创新、科技强国的发展战略起到较大的推动作用。

反之，作为高耗能行业的煤炭开采和洗选业、有色金属冶炼及压延加工业，在国家政府相关政策的大力管控下，大量高污染、高能耗工业企业外迁，导致以煤炭为代表的高污染能源资源需求降低，削弱了高耗能行业的发展。

2）高耗能行业的碳强度竞争力表现大有改善

在碳约束下，工业部门的发展评价除了需要关注其碳生产力的表现，还需要评价其碳强度竞争力。采用北京市的碳排放强度与其工业行业碳排放强度的比值来衡量各工业行业的碳强度竞争力情况。碳强度竞争力越高的行业，其相距北京市整体的情况则越小，相对北京市的表现而言比其他行业更具优势。

图 3-2 列举了北京工业部门分行业碳竞争力排名情况。高新技术行业，如计算机、通信和其他电子设备制造业，仪器仪表制造业，医药制造业，专用设备制造业，汽车制造业，通用设备制造业等行业的低碳表现相对优势显著，均高于地区水平，值得大力推动发展。北京市近年来推行的低碳发展政策使得高耗能行业排放情况得到改善，从需求及技术层面实现了在促进经济增长的同时减少污染排放，行业的碳排放水平小于地区发展排放水平。因此从技术、发展角度，这些行业都是应该坚持鼓励并予以发展的。

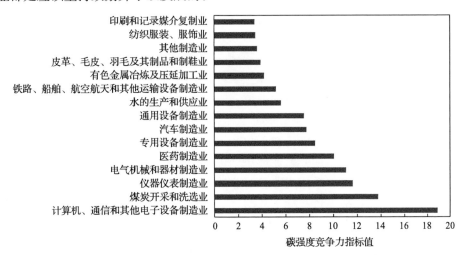

图 3-2　北京市具有碳强度竞争力的工业行业排名（2014 年）

数据来源：著者整理

3.4.3　电力、汽车制造和计算机通信制造的行业规模效益可观

以下分别从产值规模、就业规模、利润规模三方面对北京市工业行业的规模

效益进行评价。

1）计算机等高新技术行业产值规模名列前茅

工业产值规模是衡量工业发展能力的重要因素，是实现利润、解决就业和提高生产效率的根基。产值规模可用该工业行业总产值在该地区工业总产值中所占比例来表示，用来衡量该工业部门对地区工业产值增加所作的贡献。

在产值规模指标下北京市优先发展的战略产业个数为 9 个，分别是电力、热力生产和供应业，汽车制造业，计算机、通信和其他电子设备制造业，石油加工、炼焦及核燃料加工业，电气机械和器材制造业，医药制造业，专用设备制造业，通用设备制造业，煤炭开采和洗选业。除了电力、热力生产和供应业，其余均属制造业。这与北京市制造业较为发达息息相关。《北京统计年鉴》显示，2014 年汽车制造业，计算机、通信和其他电子设备制造业，石油加工、炼焦及核燃料加工业，电力、热力生产和供应业工业总产值共占地区工业总产值的54％。其中产值最高的产业为电力、热力生产和供应业，达 4086.97 亿元，占地区工业产值的 22％。

北京市凭借良好的地理优势，拥有大量优秀高等学府和科研院所，汇集了大量优秀科技产业和人才，成为活跃的国际交流平台，形成了较成熟的科技园区，如中关村科技园、丰台科技园区等。在"互联网＋"的浪潮下，又涌现了大量技术产业。

自 2001 年以来，北京市汽车产业快速发展。尤以北京汽车集团有限公司（简称"北汽"）为突出代表。作为我国五大汽车集团之一，北汽在研发、贸易、服务等方面占据重要地位，拥有北京奔驰、北京现代、北京吉普等众多品牌汽车。在低碳经济下，新能源汽车独树一帜，北汽的新能源汽车研发和生产一直走在前列，更加稳固了在汽车产业的地位。

2）行业就业规模能力分析

工业部门吸纳劳动力的能力对于地区经济发展和社会稳定至关重要。北京市作为首都，大量外来人口使其就业形势严峻，在衡量工业部门发展能力时需要考虑解决就业人口的能力。采用工业分行业就业人数在北京市工业就业人数中所占比例作为就业规模指标。该指标下战略产业个数为 18 个，其中大部分工业行业为劳动密集型行业部门，由于自身行业特点，对劳动力需求较大，如食品、服装、农副产品等行业。2014 年就业规模战略产业的就业情况如图 3-3 所示。

随着近年来低碳发展政策的大力推行，北京市借助区位优势与发展资源，投入和产出规模都不断加大。劳动力的投入对于衡量行业发展潜力具有重大意义，在行业就业人数统计中，前几位均为高新产业，如汽车制造业，计算机、通信和其他电子设备制造业，专用设备制造业，医药制造业等。

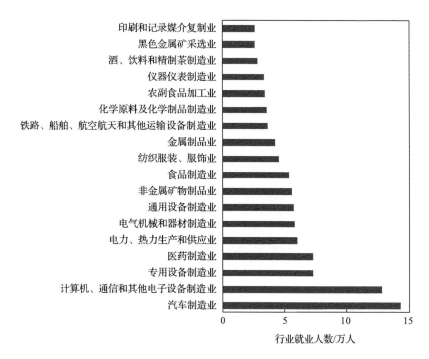

图 3-3 就业规模战略产业的就业情况（2014 年）

数据来源：著者整理

3）电力热力生产行业利润规模居于首位

在利润指标下的主导产业个数为 5 个。所有工业部门中，利润最高的是电力、热力生产和供应业，高达 451.63 亿元。作为垄断行业，其独特的竞争地位和排他性的经营管理权使其利润额高居榜首。但是，作为高耗能、高排放、高污染的行业部门，在低碳经济下仍需要进一步推行清洁能源的使用，提高能源的使用率。

综合规模效益的三项指标可以发现，虽然不同指标下发展的主导产业不尽相同，但是其中有三个工业行业是在各个指标下的共同主导产业，分别是电力、热力生产和供应业，汽车制造业，计算机、通信，其他电子设备制造业。

3.4.4 工业行业效率整体表现优异

中国过去工业发展主要属于资金和劳动密集型，即高投入、高产出；而现代企业的发展更重视技术改进和人才培养，即以较低劳动和资本消耗实现较高产出。因此，劳动生产率作为遴选综合竞争力行业的重要指标，对于衡量行业发展效率起到极大的作用。本节主要从劳动生产率方面分析工业行业效率。该指标下战略产业包括电力、热力生产和供应业，石油加工、炼焦及核燃料加工业，煤炭开采和洗选业等 20 个，如图 3-4 所示。

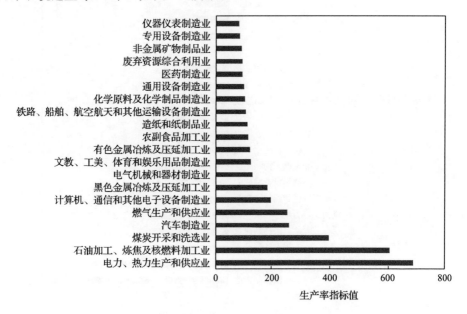

图 3-4　发展效率战略产业的生产率情况（2014 年）

数据来源：著者整理

相较其他指标，工业效率指标下的主导产业个数较多。这从一定程度上说明北京市工业正从粗放式发展向集约式发展转变。劳动者的平均熟练程度和技能提高，科学技术的发展和成果转化于工业生产，工业生产过程中的组织和管理越发完善，资源的利用效率也得以提高。其中，一些基础资源供应与开发行业的劳动生产率较高，高新技术行业的生产率也紧随其后。由此可见，北京市在不断扭转自身发展模式，全面提高技术水平。虽然一些必需能耗的高污染行业仍然产值较高，但由较高的劳动生产率可看出，近年来的调整将会更有利于北京市低碳路径的实现。

3.4.5　水资源等基础供应行业和高新技术行业较具发展能力

企业的利润及销售规模是衡量行业发展能力及潜力的标志。选取工业行业的销售利润率（销售总额中的利润总额占比）代表其发展能力。从销售利润率的WT 值排序情况来看，具有发展优势的工业行业为水的生产和供应业，非金属矿采选业，医药制造业，其他制造业，造纸和纸制品业，仪器仪表制造业，专用设备制造业，电力、热力生产和供应业，燃气生产和供应业，通用设备制造业，铁路、船舶、航空航天和其他运输设备制造业，印刷和记录媒介复制业，汽车制造业，电气机械和器材制造业，金属制品、机械和设备修理业，化学原料及化学制品制造业，纺织服装、服饰业，黑色金属矿采选业，皮革、毛皮、羽毛及其制品和制鞋业。可见，由于 2010 年以来高新技术行业的大幅进步，销售规模及利润规模都具备较好的表现。

北京市水资源紧缺的问题，使得水资源相关行业的利润较大，尽管不具备销售规模优势，仍然是最大销售利润率的优势发展行业。

汽车制造业，专用设备制造业，通用设备制造业，铁路、船舶、航空航天和其他运输设备制造业等高新技术行业的发展竞争实力有所增长，相对于其他行业而言存在销售规模及利润规模优势。汽车制造业作为其中显著的销售规模优势行业，凭借国家对于实现自主创新、打造中国自主汽车品牌的政策倾斜，尤其是对新能源电动汽车开发等环节的大力支持，近年来发展迅猛。

随着经济的发展，人们对于高新技术产品的需求也日益增长，促使高新技术行业的销售情况更具竞争力。汽车作为一种代步工具和身份标志，其需求呈现出较强的增长趋势，销售情况表现优异。汽车制造业的销售规模在高新技术行业中也表现出相应的优势地位。

北京作为我国的政治、文化、教育中心，人口集聚，对于电力、热力的需求基数巨大。北京市的经济发展更离不开基础行业的物资支撑，因此电力、热力生产和供应业的销售优势也更加明显。此外，作为基础供应行业，这些行业的利润也相当可观。

3.4.6　汽车制造业综合评价最优

以两种综合评价的赋权方案对北京市工业部门进行多指标的综合评价，评价结果如表 3-4 所示。

表 3-4　工业部门不同权重的综合评价方案结果

低碳约束权重下的行业评价		弱化低碳发展的工业评价		综合排名
具有综合优势的工业行业	得分	具有综合优势的工业行业	得分	
汽车制造业	5.14	汽车制造业	4.92	1
医药制造业	6.00	医药制造业	6.12	2
计算机、通信和其他电子设备制造业	6.14	计算机、通信和其他电子设备制造业	6.76	3
电气机械和器材制造业	6.71	电气机械和器材制造业	7.04	4
专用设备制造业	7.57	专用设备制造业	7.76	5
通用设备制造业	9.00	通用设备制造业	9.12	6
仪器仪表制造业	10.43	电力、热力生产和供应业	9.56	7
铁路、船舶、航空航天和其他运输设备制造业	10.71	铁路、船舶、航空航天和其他运输设备制造业	10.80	8

低碳约束权重下的行业评价		弱化低碳发展的工业评价		综合排名
具有综合优势的工业行业	得分	具有综合优势的工业行业	得分	
电力、热力生产和供应业	12.29	仪器仪表制造业	11.32	9
煤炭开采和洗选业	15.29	化学原料及化学制品制造业	15.32	10
水的生产和供应业	15.29	水的生产和供应业	16.04	11
化学原料及化学制品制造业	16.14	农副食品加工业	16.32	12
农副食品加工业	16.71	金属制品业	16.72	13
金属制品业	16.86	燃气生产和供应业	16.72	14
造纸和纸制品业	17.57	石油加工、炼焦及核燃料加工业	16.80	15

1) 低碳约束下工业部门发展能力评价

在等权重的工业行业综合指标评价体系下，低碳约束下的两个指标各占 1/7 的权重，这使得低碳指标的份额高于其他均分衡量行业自身的规模、效率、发展的指标。在这样的赋权方式下，低碳发展约束的评价指标比例明显高于其他平行指标。因而将此种等权重分析方式定义为低碳约束权重下的工业行业评价。

低碳约束权重下的行业评价显示，汽车制造业、医药制造业等 15 个行业为北京市具备综合发展优势的行业。进一步分析发现，汽车制造业，医药制造业，计算机、通信和其他电子设备制造业，专用设备制造业，通用设备制造业，仪器仪表制造业，铁路、船舶、航空航天和其他运输设备制造业等高新技术行业，不仅得益于其在碳生产力、碳强度竞争力低碳约束方面的评价较高，排名靠前，还得益于在自身行业的建设与发展上具备极大的发展优势，排名都居于前列。由此可见北京市高新技术行业的大力发展与进步，结构调整与技术进步、升级，符合低碳发展的优化政策导向，使得这些行业未来的发展更具潜力及竞争实力。

北京市汽车制造业的强势发展及其低碳发展前景，使其成为近年来北京市最具综合发展优势的行业，北京市将依托其自身的区位发展优势及丰富的发展资源，实现自身汽车制造业的竞争优势。

医药制造业是融合了传统文明与现代科技的高技术产业，也是关系到国计民生的重要工业部门。随着"健康中国"纳入"十三五"规划，行业监管部门推出一系列新的监管措施，进一步促进中国医疗行业升级转型，激发行业创造力。政府规范管制和产业调整一齐发力，为医疗产业快速稳步发展保驾护航。

作为北京市发展的优势竞争行业，计算机、通信和其他电子设备制造业等高新技术产业的发展具有极大的战略布局意义。中关村科技园区是中国高新技术发展的典型代表区域，国家"十二五"规划中也明确提出"把北京中关村建设成为具有全球影响力的科技创新中心"。2012 年 10 月 13 日，国务院批复同意对中关村国家自主创新示范区空间规模和布局进行调整，在北京市原来的一区十园基础上扩增至一区十六园。

此外，北京市作为世界超大城市之一，其可持续发展过程中的物资消耗仍旧不可避免。因此，一些在碳生产力及碳强度竞争力方面表现良好的基础物资生产供应部门，如电力、热力生产和供应业，煤炭开采和洗选业，水的生产和供应业，化学原料及化学制品制造业，农副食品加工业，造纸和纸制品业等，其优势地位不容忽视，仍然需要坚持发展。

2）弱化低碳约束下工业部门发展能力评价

将低碳约束指标赋予低于行业自身评价指标的权重，对各行业再进行综合评价。在这样的权重赋予情况下，低碳发展约束的评价指标显著弱化于其他平行指标，因此也将此种赋权方式定义为弱化低碳约束下的工业行业评价。

评价结果显示，汽车制造业，医药制造业，计算机、通信和其他电子设备制造业，电气机械和器材制造业，专用设备制造业，通用设备制造业，电力、热力生产和供应业，铁路、船舶、航空航天和其他运输设备制造业，仪器仪表制造业，化学原料及化学制品制造业，水的生产和供应业，农副食品加工业，金属制品业，燃气生产和供应业，石油加工、炼焦及核燃料加工业等 15 个行业为北京市具备综合发展优势的行业。在这些遴选出来的竞争行业中，同样以基础生产供应行业和高新技术行业居多。

对比两种权重的评价结果，大部分遴选行业并未发生变动，前六位均为汽车制造业，医药制造业，计算机、通信和其他电子设备制造业，电气机械和器材制造业，专用设备制造业，通用设备制造业等高新技术行业。仅有部分日常供应能耗行业出现排位的上升，如电力、热力生产和供应业，化学原料及化学制品制造业，燃气生产和供应业，石油加工、炼焦及核燃料加工业等。这些行业作为北京市基础发展的必需行业，与北京市未来的进步息息相关，不能忽视其发展，行业技术有待于进一步提升，才能更好地实现低碳的发展路径。

由此可以看出，不管是强烈的低碳约束评价，还是弱化的低碳发展约束评价，都为北京市选取了一些利于该地区可持续发展的低碳行业，其中大部分为高新技术行业，尤其是汽车制造业、医药制造业等行业，这些行业均需要创新、自主科研、技术进步。因此，北京市在可持续发展的低碳模式下，更应该大力投入科学技术，充分地运用高校科研实力及已有的历史发展资源，推动低碳高新技术行业的发展，实现城市经济的又好又快发展。

3.5　北京市低碳工业发展的若干建议

3.5.1　依据低碳优势调整工业产业结构

对于工业产业的发展，追求经济利润和实现节能减排曾经存在难以调和的矛盾：追求利润高增长则难以兼顾节能减排，而实现节能减排往往以牺牲经济利益为代价。因此在低碳约束下选择能够同时实现经济发展和环境保护的产业具有十分重要的意义。鉴于以上对各个工业部门的发展评价，北京市可从以下三个途径对现有工业部门发展进行调整。

大力发展低碳优势行业。在北京市工业行业中，具有低碳优势的工业部门多为高新技术产业、制造业。例如，计算机、通信和其他电子设备制造业，2014年共排放 13.94 万吨二氧化碳，带来 305.09 亿元增加值，碳生产力高达 21.89 万元/吨，在所有工业部门中居于首位。对于此类工业部门，应加大政策的扶持力度和投资帮助，提高其在工业部门中所占的比例。对于传统高耗能部门，通过人才引进、技术创新等手段，也可以向低碳方向进行转化。例如，煤炭开采和洗选业，2014 年二氧化碳排放量仅为 1.9 万吨，却产生了 30.50 亿元工业增加值，碳生产力位居第二，这与北京市近年来将钢铁企业外迁、提高生产技术等密切相关。政府相关部门可从政策、资金、技术、人才等多方面给予相应的辅助资源，通过改善外部条件刺激行业内部的技术进步，增强行业自身发展与创新意识，使其尽早成为北京市未来工业发展中的支柱性行业。

对不具备低碳优势的基础供应行业实现改造转型。例如，电力、水力生产部门，在 2014 年工业总产值高达 4086.96 亿元，位居所有工业部门第一，解决就业人口达 59705 人，年利润额 451.63 亿元。然而这些却是以大量消耗能源为代价的，该行业二氧化碳排放量高达 2947.27 万吨，低碳指标下处于所有部门末位。虽然不符合低碳优势，但电力、水力生产部门作为基础性生产部门必不可缺，应该对其加大投入支持及技术，施行政策监督，使其实现工业生产形式的改造，从能源使用、技术创新、成果转化等多方面着手，提高能源利用效率，降低碳排放水平。

对低效益、高耗能的工业部门，应逐步规范其发展。煤炭开采和洗选业的碳生产力为 16.05 万元/吨，位居工业行业第二，该行业每单位碳排放的工业产值增加、排名靠前，但行业总体经济效益较低、污染严重。因此仅仅依靠其行业内自行改善与自我监督是不够的，政府还需要施加政策引导，推动技术进步、实现清洁生产，有规划地安排产业转移。在行业标准上，具体制定低碳行业发展标准，实现产业综合能力提升。

3.5.2　重点培育新能源和高新技术产业

在对现有工业部门进行调整和改造之外，更应注重工业产业结构的优化和升级。在低碳经济的前提下，重点培育一批具有潜力和优势的工业部门。

新能源产业通过使用风能、太阳能等清洁能源代替传统化石燃料，极大地降低了二氧化碳排放，对于低碳经济发展起到至关重要的作用。以汽车产业中的新能源汽车为例，截至 2015 年 9 月，我国新能源汽车共计生产 15.62 万辆，较 2014 年增长 300%，逐渐被政府和民众所接受。新能源汽车与传统汽车最重要的区别在于使用非油气类能源作为动力来源，从根本上减少了二氧化碳排放。北京市属企业北京汽车集团有限公司作为先进的生产厂商，在低碳经济下的新能源汽车研发和生产走在同类型企业的前列。北汽的快速发展不仅对于北京市经济发展、就业等方面产生贡献，更重要的是其具有低碳优势，应大力发展。

高新技术产业普遍具备综合竞争力。在综合各项工业评价指标下，具有发展优势的多为高新技术产业，如汽车制造业，计算机、通信和其他电子设备制造业等，互联网时代的兴起使得这些行业更加具有竞争潜力。其他工业部门更应抓住机遇，改变传统生产模式，利用科学技术提高资源使用效率，减少传统能源消耗，实现更多具有低碳效益的产出。

低碳经济是未来经济发展的主流模式，北京市作为我国首都，在节能环保方面已经取得了丰硕成果，但低碳发展之路仍然需要完善和改进。北京市应该合理选择工业发展路径，优化工业产业结构，改进工业生产方式，重点发展具有竞争优势同时又具有低碳发展潜力的工业部门，实现经济效益、生态效益、社会效益的协调发展。

第4章 北京市交通运输业低碳发展研究

　　2005 年 4 月，北京市政府颁布了《北京交通发展纲要》（以下简称《纲要》）。《纲要》中提出在公共交通领域全面实行"两定四优先"战略，促进了北京市公共交通的迅速发展，为市民的正常出行作出了重要贡献。交通运输业对于一个地区的经济发展及城市化具有极其重要的作用，但由于近年来北京市社会及私人车辆的快速增长，加大了能源消费。为了进一步实现交通运输业的节能减排，必须对交通运输业细分下的能源消费进行考察，而北京市能耗中公路能源消费占据主要方面，故本章主要通过研究公路能耗来反映整个交通运输业现状，以及相关的节能减排效果。通过对北京市交通运输业各种指标分析，为北京市交通运输业节能减排进行更加细致的考察。2007 年以来全国公路交通能源消费一直占据道路交通能源消费总量的 60％以上，而公路交通中又以营业性道路交通和社会及私人车辆占据主要方面。鉴于以上几个方面的考虑，本章在道路交通现状分析的基础上，探讨以下三个方面的问题：
- 北京市道路交通结构
- 北京市营业性道路能耗分析
- 北京市社会及私人车辆能耗分析

4.1　北京市交通运输业指标分析

4.1.1　交通运输线路里程稳步增长，等级公路发展空间大

2014 年北京市铁路运输路线里程为 1123.6 公里，比 2013 年增长 0.73%，铁路条数为 56 条，比 2013 年增长 1.82%；公路运输路线里程为 21849 公里，比 2013 年增长 0.81%，公路条数为 10372 条，比 2013 年增长 0.81%；民航主要包括中国国际航空公司和中国新华航空有限责任公司，航线数分别为 322 条和 370 条，分别比 2013 年增长 8.05% 和 11.78%。2005～2014 年北京市交通运输业运输路线里程如表 4-1 所示。

表 4-1　北京市交通运输路线里程情况（2005～2014 年）

（单位：万公里）

年份	铁路营业里程	公路里程	等级公路里程	高速等级公路里程	一级等级公路里程	二级等级公路里程
2005	0.097	1.47	1.45	0.05	0.06	0.24
2006	0.096	2.05	2.02	0.06	0.06	0.25
2007	0.096	2.08	2.05	0.06	0.08	0.28
2008	0.096	2.03	2.01	0.08	0.08	0.27
2009	0.096	2.08	2.06	0.09	0.09	0.31
2010	0.096	2.11	2.09	0.09	0.09	0.32
2011	0.107	2.13	2.12	0.09	0.10	0.33
2012	0.112	2.15	2.13	0.09	0.11	0.33
2013	0.112	2.17	2.15	0.09	0.12	0.33
2014	0.112	2.18	2.18	0.10	0.13	0.33

数据来源：北京市统计局（2005～2014）

2014 年北京市铁路营业里程为 0.112 万公里，比 2005 年增长 0.015 万公里，年均增幅 1.68%，基本保持不变；2014 年北京市等级公路里程为 2.18 万公里，比 2005 年增长 0.73 万公里，年均增幅 4.16%，其中高速等级公路里程、一级等级公路里程、二级等级公路里程分别为 0.10 万公里、0.13 万公里、0.33 万公里，年均增幅分别为 7.18%、8.04%、3.24%，二级等级公路里程占主要部分，高速等级公路里程和二级等级公路里程基本保持稳定。

4.1.2　交通运输设备数量逐步增加，出租车数量渐趋平稳

随着城市化的扩大，交通运输路线里程不断增加，交通运输工具数量迅速增

长。表 4-2 显示北京市 2005～2014 年交通运输工具的数量。

表 4-2　北京市交通运输工具的数量（2005～2014 年）

（单位：万辆）

年份	民用载客汽车合计	营业客车	公共汽车	出租车	民用载货汽车合计	营业货车
2005	188.31	0.53	2.03	6.60	17.73	12.39
2006	217.56	2.42	1.95	6.66	17.69	14.28
2007	251.63	2.87	1.94	6.66	17.56	10.91
2008	291.02	2.94	2.15	6.66	18.13	12.15
2009	345.44	3.54	2.17	6.66	18.30	14.41
2010	425.74	3.12	2.15	6.66	19.39	12.63
2011	444.16	4.29	2.16	6.66	21.49	14.32
2012	464.86	4.92	2.21	6.66	23.70	16.36
2013	486.14	5.48	2.36	6.70	25.71	18.63
2014	496.92	5.80	2.37	6.75	28.91	20.30

数据来源：北京市统计局（2005～2014）

相比于 2005 年，2014 年北京市民用载客汽车数量增加了 308.61 万辆，年均增长 10.19%；营业客车由 0.53 万辆增加到 5.80 万辆，增加 5.27 万辆，年均增长 27.03%；北京市公共汽车数量增加了 0.34 万辆，年均增长 1.56%；北京市出租车数量增加 0.15 万辆，年均增长 0.22%；北京市民用载货汽车增加 11.18 万辆，年均增长 5.01%；北京市营业货车增加 7.91 万辆，年均增长 5.06%。从数据分析可知，营业客车增长较快，公共汽车和出租车基本保持在一定数量，说明北京市公共汽车道路系统和出租车已基本达到饱和。

4.1.3　交通运输规模呈现快速增长，不同交通方式有差异

本节对北京市交通运输规模主要从客运量、货运量、客运周转量和货运周转量四个方面来进行分析，分别见表 4-3～表 4-6。

表 4-3 显示 2014 年北京市客运总量为 71715 万人次，其中以公路客运为主，占比 73%。相比 2005 年，客运总量年均增幅 1.66%，其中铁路、公路、民航客运量年均增幅分别为 8.11%、0.08% 和 7.97%。客运量在当前北京市道路系统下基本达到饱和。

表 4-4 的数据显示 2014 年北京市货运量为 29518 万吨，比 2005 年减少 2991 万吨，年均减少 0.96%，其中铁路、公路、民航和管道货运量的年均变化各为 −5.42%、−1.66%、6.82% 和 21.39%。公路货运量占据货运量的主要方面，2005～2014 年，公路货运量占比均保持在 85% 以上。

表 4-3　北京市客运量情况（2005～2014 年）

年份	总量 /万人	客运量/万人			占比/%		
		铁路	公路	民航	铁路	公路	民航
2005	60841	5779	51925	3137	9.50	85.34	5.16
2006	12276	6269	2482	3525	51.07	20.22	28.71
2007	20040	6915	9275	3850	34.51	46.28	19.21
2008	128525	7644	117118	3763	5.95	91.12	2.93
2009	133872	8161	121373	4339	6.10	90.66	3.24
2010	140663	8903	126130	5630	6.33	89.67	4.00
2011	145773	9755	129918	6100	6.69	89.12	4.19
2012	149037	10315	132333	6389	6.92	88.79	4.29
2013	71056	11588	52481	6988	16.31	73.86	9.83
2014	71715	12609	52354	6752	17.58	73.00	9.42

数据来源：北京市统计局（2005～2014）及著者整理得到

表 4-4　北京市货运量情况（2005～2014 年）

年份	总量 /万吨	货运量/万吨				占比/%			
		铁路	公路	民航	管道	铁路	公路	民航	管道
2005	32509	1976	30050	77	406	6.08	92.43	0.24	1.25
2006	33547	1956	30953	89	549	5.83	92.27	0.26	1.64
2007	20770	1925	17872	98	875	9.27	86.05	0.47	4.21
2008	21885	1733	18689	93	1369	7.92	85.40	0.42	6.26
2009	22017	1635	18753	98	1531	7.43	85.18	0.44	6.95
2010	23712	1572	20184	130	1827	6.63	85.12	0.55	7.70
2011	26849	1380	23276	132	2061	5.14	86.69	0.49	7.68
2012	28650	1232	24925	134	2359	4.30	87.00	0.47	8.23
2013	28294	1078	24651	136	2429	3.81	87.13	0.48	8.58
2014	29518	1132	25416	149	2821	3.84	86.10	0.50	9.56

数据来源：北京市统计局（2005～2014）

如表 4-5 所示，2014 年北京市旅客周转量为 1603 亿人公里，比 2005 年增长 765 亿人公里，年均增幅 6.70%，其中铁路、公路和民航旅客周转量年均变化分别为 5.74%、−2.99% 和 8.78%。从构成上看，2014 年铁路、公路和民航旅客周转量分别占旅客周转总量的 8.48%、8.61% 和 82.91%，民航占据主要方面。由于航空运输的时效性，故而民航旅客周转量还将继续增长。

表 4-5　北京市旅客周转量情况（2005～2014 年）

年份	总量 /亿人公里	旅客周转量/亿人公里			占比/%		
		铁路	公路	民航	铁路	公路	民航
2005	838	78	187	573	9.31	22.31	68.38
2006	825	89	79	657	10.79	9.58	79.63
2007	960	91	147	722	9.48	15.31	75.21
2008	1042	90	241	711	8.64	23.13	68.23
2009	1147	94	268	785	8.19	23.37	68.44
2010	1400	100	291	1009	7.14	20.79	72.07
2011	1529	109	304	1116	7.13	19.88	72.99
2012	1596	116	305	1175	7.27	19.11	73.62
2013	1499	118	136	1245	7.87	9.07	83.06
2014	1603	136	138	1329	8.48	8.61	82.91

数据来源：北京市统计局（2005～2014）

表 4-6　北京市货物周转量情况（2005～2014 年）

年份	总量 /亿吨公里	货物周转量/亿吨公里				占比/%			
		铁路	公路	航空	管道	铁路	公路	航空	管道
2005	457.74	310.81	85.49	28.17	33.26	67.90	18.68	6.15	7.27
2006	423.12	262.57	88.60	33.57	38.38	62.06	20.94	7.93	9.07
2007	449.04	268.49	79.29	37.61	63.66	59.79	17.66	8.37	14.18
2008	454.22	253.52	84.09	35.67	80.93	55.82	18.51	7.85	17.82
2009	441.23	229.39	87.89	35.53	88.43	51.99	19.92	8.05	20.04
2010	513.66	257.46	101.59	48.25	106.36	50.12	19.78	9.39	20.71
2011	616.93	311.32	132.33	47.49	125.80	50.46	21.45	7.70	20.39
2012	638.31	307.61	139.77	48.98	141.93	48.19	21.90	7.67	22.24
2013	680.91	323.18	156.19	49.19	152.34	47.46	22.94	7.22	22.38
2014	672.82	284.36	165.19	55.37	167.90	42.26	24.55	8.23	24.96

数据来源：北京市统计局（2005～2014）

表 4-6 显示，2014 年北京市货物周转量为 672.82 亿吨公里，比 2005 年增长 215.08 亿吨公里，年均增幅 3.93%，其中铁路、公路、民航和管道货物周转量年均变化分别为－0.89%、6.81%、6.99% 和 17.57%。从构成上看，2014 年铁路、公路、民航和管道货运周转量占比分别为 42.26%、24.55%、8.23% 和 24.96%，货物周转以铁路运输为主。

综上所述，2005～2014 年北京市交通运输业规模在不断扩大，公路运输在

客运量和货运量上占据最大份额，而旅客周转量则以民航运输最高，货物周转量
以铁路运输最高。

4.1.4　交通运输能源消费快速增长，能耗结构需不断完善

随着交通网络及交通基础设施逐步完善，由车辆增加而导致的交通运输业能
耗增长将必不可免。2005～2014 年，北京市交通运输业的能源消费总体上呈现
出两个阶段：2005～2012 年的增长阶段和 2012～2014 年的相对稳定阶段。2014
年北京市交通运输业能源消费 1204.2 万吨标准煤，比 2005 年增长了 110%，年
均增长 7.7%，如图 4-1 所示。北京市交通运输业能耗主要是公路、铁路、航空
和管道能耗，其中以公路能耗为主，因此从公路能耗的角度研究北京市交通运输
业节能减排效果，更具有针对性。

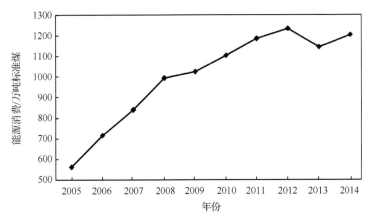

图 4-1　北京市交通运输业能源消费（2005～2014 年）

数据来源：北京市统计局（2005～2014）

2014 年北京市交通运输业消费的能源主要包括煤炭、汽油、煤油、柴油、
燃料油、液化石油气、天然气、热力和电力，消费量分别为 16.09 万吨、46.45
万吨、507.07 万吨、126.56 万吨、1.88 万吨、0.32 万吨、3.17 亿平方米、
615.33 万百万千焦和 45.02 亿千瓦时，较 2013 年分别增长 0.94%、2.31%、
6.41%、1.83%、17.50%、−8.57%、34.89%、1.90% 和 0.85%，各类能源
消费占比见图 4-2。煤炭的消费大幅减少，2005～2014 年北京市煤炭消费减少
6.80 万吨，年均减少 3.46%，电力消费增加了 31.06 亿千瓦时，年均增长
12.42%，说明北京市交通运输业能源结构转型的突出成效。未来为了建设更加
健康合理的交通运输业能源消费结构，煤炭的消费会减少，以电力为代表的清洁
能源消费会增加。

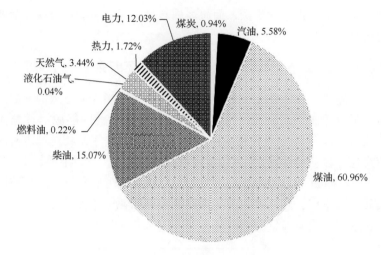

图 4-2　北京市交通运输业能源消费结构（2014 年）

数据来源：北京市统计局（2005～2014）

4.1.5　能源消费和经济增长正相关，注重能源消费的质量

2014 年北京市交通运输业产值为 948.1 亿元，较 2013 年增长 7.30％，是 2005 年能源消费量的 2.35 倍，年均增长 8.92％；而 2014 年北京市交通运输业能源消费量为 1204.15 万吨标准煤，较 2013 年增长 5.12％，是 2005 年能源消费量的 2.14 倍，年均增长 7.90％。北京市 2005～2014 年交通运输业能源消费和交通运输业产值变化趋势如图 4-3 所示。

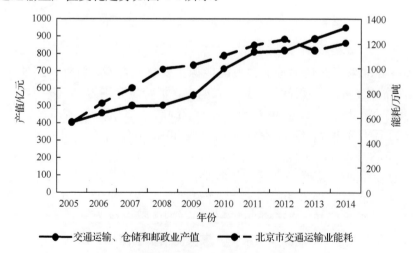

图 4-3　北京市交通运输业能源消费和交通运输业产值变化趋势（2005～2014 年）

数据来源：北京市统计局（2005～2014）

通过图 4-3 发现，交通运输业能源消费及其产值，在趋势上表现出一致性，即经济增长和能源消费呈现正相关关系。一直以来，经济的快速增长，不可避免地伴随着能源消费的快速增加。因此，如何做到节能减排与经济增长相适应，是研究的关键问题。

4.2　北京市营业性道路交通能耗影响因素分析

前述对北京市交通运输业行业指标的分析发现，北京市节能减排的关键在于公路交通，而公路交通节能的关键在于营业性道路交通和社会及私人车辆能耗，所以，本节先对营业性道路交通能耗进行分析。

营业性道路交通运输能耗是指城市以外道路旅客运输、道路货物运输、道路运输辅助活动等。营业性道路运输是公路交通运输中极其重要的一环，因此要实现北京市道路交通节能减排的效果，就必须研究影响营业性道路运输能源消费的驱动因素和影响程度。

北京市道路交通运输具有独特性。

第一，公路客运货运作为北京市交通运输业中重要的一种交通运输方式，具有不可替代的作用。一方面，公路客运量一直是北京市交通运输业客运量最重要的一环。2004～2014 年北京市公路客运量增长了 26.27%，公路里程增长 49.34%。另一方面，北京市汽车保有量和机动车驾驶人员也在快速上升。2000 年，北京市机动车保有量为 157.8 万辆，截至 2014 年年底，北京市机动车保有量为 559.1 万辆，比 2000 年增加 401.3 万辆，增幅达到 254%。截至 2014 年年底，北京市机动车驾驶员为 907.7 万人，比 2013 年增加 85.7 万人，上升 10.4%，与 2000 年年底比较，14 年来驾驶员保有量增加了 641.6 万人。2005～2014 年北京市公路里程、旅客周转量、货运周转量和机动车拥有量保持增长趋势，特别是 2011 年之后，增长趋势大幅放缓。2005～2014 年北京市公路里程、旅客周转量、货运周转量和机动车拥有量如图 4-4 所示。

第二，随着经济的快速发展，北京市道路交通网络逐步完善，汽车保有量呈现快速增长，带来了巨大的能源消费。2014 年北京市交通运输业能源消费总量为 1204.15 万吨标准煤，占北京市能源消费的 17.63%，其中煤油、柴油、汽油和电力分别占 68.65%、17.73%、6.54% 和 5.37%。2005～2014 年北京市交通运输业能源消费结构见表 4-7。

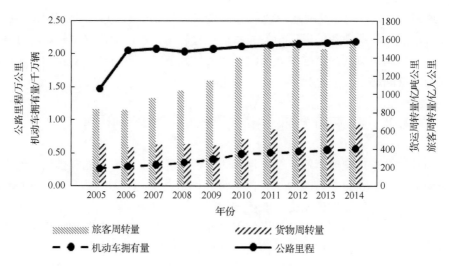

图 4-4　北京市公路里程、旅客与货运周转量和机动车拥有量变动（2005～2014 年）

数据来源：北京市统计局（2005～2014）

表 4-7　北京市交通运输业能源消费结构（2005～2014 年）

年份	煤炭	汽油	煤油	柴油	燃料油	液化 石油气	天然气	热力	电力	能源消 费总量
2005	22.89	48.46	189.04	56.55	0.00	0.72	3.51	550.68	13.96	563.39
2006	26.17	55.66	233.24	81.19	0.00	1.61	4.30	627.22	23.31	717.60
2007	27.29	52.57	276.55	102.66	0.00	0.64	4.66	508.44	34.84	840.79
2008	26.89	46.42	317.83	128.61	0.14	0.59	5.90	963.53	44.84	993.95
2009	25.15	43.68	341.45	128.76	0.13	0.55	6.47	582.45	49.24	1025.24
2010	20.29	41.04	392.15	127.27	0.20	0.44	6.71	667.89	50.37	1104.84
2011	18.00	44.99	419.35	133.88	0.15	0.34	2.38	689.70	61.96	1185.89
2012	15.86	44.03	442.79	117.34	1.28	0.34	8.22	663.38	69.11	1235.05
2013	15.94	45.40	476.51	124.28	1.60	0.35	2.35	603.86	44.64	1145.52
2014	16.09	46.45	507.07	126.56	1.88	0.32	3.17	615.33	45.02	1204.15

注：天然气、热力、电力和能源消费总量单位分别为亿立方米、万百万千焦、亿千瓦时和万吨标准煤，其他能源单位均为万吨

数据来源：北京市统计局（2005～2014）

2005～2014 年北京市交通运输业能源消费结构有了较大的转变，2005 年北京市交通运输业能耗为 563.39 万吨标准煤，占北京市能源消耗的 10.20%。2014 年北京市交通运输业能耗为 1204.15 万吨标准煤，占北京市能源消耗的 17.63%，比 2005 年增长 7.43 个百分点，其中煤炭、汽油、煤油、柴油、燃料

油、液化石油气、天然气、热力和电力占比与 2005 年比较的变化为−2.72 个百分点、−4.74 个百分点、8.56 个百分点、0.47 个百分点、0.16 个百分点、−0.10 个百分点、−0.36 个百分点、−46.64 个百分点、1.26 个百分点（表 4-7）。煤油和电力在能耗中的占比显著上升，这说明北京市交通运输业正积极调整节能化进程，而汽油和天然气占比显著下降，一方面说明汽车保有量的饱和，另一方面也显示出汽车行业正积极调整燃料结构，做到节能减排。

为降低交通运输领域能源消费，对城市交通节能减排研究十分必要。营业性道路运输作为公路交通运输中极其重要的一环，研究营业性道路运输能耗及其影响因素，对于积极调整公路交通运输结构，节能减排，建设资源节约型、环境友好型绿色低碳城市是必要的。

在对世界其他城市的研究中，印度第四大城市金奈在城市化的过程中交通运输业能源消费存在两轮挂车在急剧增长的同时，公共汽车却在减少；公共交通能源消费量在总的能源消费量的占比中小于 20% 的现象（Franco et al.，2014）。高雄市燃料税和停车管理策略在限制私人车辆的数量、燃料的消费量和二氧化碳的排放量上是潜在的最有效的方法，并帮助城市交通规划者设计适当的城市交通管理策略，帮助城市运营机构建立业务战略，从而减少能源消费和二氧化碳排放（Cheng et al.，2015）。

除了营业车辆的石油消费，工业、商业 95% 的石油消费和 35% 的柴油消费，居民生活消费，农业部门全部的石油消费和 95% 的柴油消费都归因于交通运输（Wang，2010）。但考虑到方法的适应性和数据的可得性，上述文献方法并不适合对北京市营业性道路交通能源消费进行估算并作分析，也缺乏对于公路交通细分下营业性交通运输能耗的研究，因此从消费端车辆的能源消费进行分析来评估北京市营业道路能耗，能够提高数据的准确性。

4.2.1　营业性能源消费模型构建与数据说明

模型构建主要从两个方面展开，首先是对营业性道路运输能耗进行测算，其次是对其影响因素进行分析。具体方法如下。

1）营业性道路运输能耗测算模型

现有交通能耗测算和分析方法存在一定差异，但总的来说只有细分交通运输工具的类别，以单位能耗为基础进行测算，才更充分、科学和更准确。

营业性载客汽车的单位能耗指标有两个，分别为单位周转量能耗（人公里）和单位车公里能耗（车公里）。从数据的来源看，目前道路运输企业主要统计车公里油耗。故能耗总公式如下：

$$Q = L \cdot C \tag{4-1}$$

其中，Q 表示能耗总量（升）；L 表示年车公里数（公里）；C 表示单位能耗（百车公里）。

$$L = \frac{W}{\beta \cdot \gamma \cdot q_0} \tag{4-2}$$

其中，W 表示周转量；β 表示里程利用率；γ 为载客量利用率；q_0 为平均车座。

根据式（4-1）和式（4-2）可知，营业性道路运输能耗测算模型：

$$Q = \frac{W \cdot C}{\beta \cdot \gamma \cdot q_0} \tag{4-3}$$

2）能源消费影响因素分解模型

本节对能源消费影响因素分析，主要应用 LMDI 方法，考虑到数据的可得性和模型的适应性，利用 LMDI 模型将能源消费模型分解为能源强度、人均汽车保有量、人均 GDP 和经济增长，具体形式如下：

$$E_t = \frac{E_t}{V_t} \cdot \frac{V_t}{P_t} \cdot \frac{P_t}{G_t} \cdot G_t \tag{4-4}$$

其中，E_t 表示 t 年北京市营业性道路运输能源消费和城市地面公共交通能源消费；V_t 表示 t 年北京市营业车辆和地面城市公共交通保有量；P_t 表示 t 年北京市人口数；G_t 表示 t 年北京市 GDP 总量。

进一步分解有

$$E_t = I_t \cdot M_t \cdot Y_t \cdot G_t \tag{4-5}$$

其中，$I_t = E_t/V_t$ 表示 t 年每辆车的能耗强度；$M_t = V_t/P_t$ 表示 t 年人均汽车保有量；$Y_t = P_t/G_t$ 表示 t 年人均 GDP；G_t 表示 t 年北京市 GDP 总量。

$$\Delta E = E^T - E^0 = D_I + D_M + D_Y + D_G \tag{4-6}$$

其中，D_I、D_M、D_Y、D_G 分别表示车辆能耗强度、汽车保有量、人均 GDP 和经济增长对能源消费变动的影响。

3）数据来源

铁路、公路和民航客运，货运周转量，人口，北京市 GDP，公路营业汽车拥有量，公路营业载客汽车拥有量，公路营业载货汽车拥有量均来自于 2006～2015 年《北京统计年鉴》，经济总量均以 2005 年不变价进行处理。目前中国班线客车的里程利用率接近 100%，而旅游包车的里程利用率在 95% 以上，综合来看，营业性载客汽车的里程利用率取 98%，其他数据通过计算得到。

4.2.2　营业性道路运输能源测算

运用营业性道路运输能耗测算模型及 LMDI 方法分别得到北京市 2005～

2014 年营业性道路运输能耗及其能耗影响因素分析结果，模型计算结果见表 4-8。

表 4-8　北京市营业性道路运输能源消耗（2005～2014 年）

年份	公路营业汽车 拥有量/万辆	公路营业载客汽车 拥有量/万辆	公路营业载货汽车 拥有量/万辆	营业性道路运输 能耗/万吨标准煤
2005	12.92	0.53	12.39	103.42
2006	16.70	2.42	14.28	87.83
2007	13.78	2.87	10.91	91.48
2008	15.09	2.94	12.15	111.25
2009	17.96	3.54	14.41	118.95
2010	15.75	3.12	12.63	134.32
2011	18.60	4.29	14.32	162.37
2012	21.28	4.92	16.36	168.81
2013	24.11	5.48	18.63	154.25
2014	26.10	5.80	20.30	162.19

数据来源：北京市统计局（2005～2014）及著者整理得到

1. 营业性道路能耗

从能源消费变动角度看，2005 年北京市营业性道路运输能耗为 70.29 万吨燃油，2014 年北京市营业性道路运输能耗为 110.23 万吨燃油，增长 56.82%，年均增长 4.60%。从营业性道路运输能源消费占交通运输业的比例看，2014 年北京市交通运输业能耗总量为 1145.52 万吨标准煤，营业性交通运输能耗占北京市交通运输业能耗的 14.16%；2005 年北京市交通运输业能耗总量为 563.39 万吨标准煤，营业性交通运输能耗占北京市交通运输业能耗的 18.36%，2014 年营业性道路运输能耗占比 2005 年降低 4.2 个百分点。从增速上来看，2005～2014 年北京市交通运输业能源消费增加 582.13 万吨标准煤，年均增长 7.35%，而 2005～2014 年北京市营业性道路运输能源消费增加 51.96 万吨标准煤，年均增长 3.94%。营业性道路能耗的占比减少及增速放缓，一方面是由于车辆能源利用效率的提高，另一方面是当前轨道交通的快速发展。2005～2014 年北京市公路营业客车、货车及能耗如图 4-5 所示。

从图 4-5 可知，北京市 2005～2014 年公路营业载客汽车、载货汽车拥有量和营业性道路运输能耗总体上呈现出一种增长的趋势，而 2011 年之后营业性道路运输能耗增速停滞并有下降的趋势，产生这种变动的因素有单位载货汽车载货量的增加、单位载客汽车载客数的增加、能源利用效率的提升及人均 GDP 的增长等。

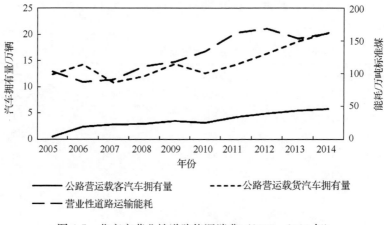

图 4-5　北京市营业性道路能源消费（2005～2014 年）

数据来源：著者整理得到

2. 营业性道路能耗影响因素分析

通过公式（4-4）～公式（4-6），将 2005～2014 年 10 年分为 9 个时间段，分别进行计算，得到北京市 2005～2014 年营业性道路交通能源消费影响因素结果，进而得到北京市 2005～2014 年营业性道路交通能源消费增长驱动因素及贡献。将营业性道路能源消费影响因素分为车辆能源利用效率、人均汽车保有量、人口强度和经济增长四个方面，实证分析结果如表 4-9 和图 4-6 所示。

表 4-9　北京市营业性道路运输能源消费增长驱动因素及贡献（2005～2014 年）

（单位：%）

变量名称		符号	2005～ 2006 年	2006～ 2007 年	2007～ 2008 年	2008～ 2009 年	2009～ 2010 年	2010～ 2011 年	2011～ 2012 年	2012～ 2013 年	2013～ 2014 年
能源消费增长率		ΔE	−15.08	4.15	21.62	6.92	12.93	20.88	3.97	−8.63	5.15
各种因素变动贡献	车辆能源利用效率	D_I	−24.99	−4.42	9.08	−7.26	−6.16	16.96	−0.38	−12.89	2.29
	人均汽车保有量	D_M	6.21	3.90	6.45	9.11	13.41	0.78	1.82	2.18	1.10
	人口强度	D_Y	−7.57	−9.15	−3.53	−4.97	−4.75	−5.44	−5.03	−5.01	−5.46
	经济增长	D_G	11.28	13.82	9.62	10.04	10.42	8.58	7.56	7.90	7.23

数据来源：著者整理得到

1）基于时间序列的驱动因素分析

营业性道路能源消费增长速度和各个驱动因素的贡献值在不同的时间段各不相同，对于其他时期的结果只进行简单描述，深入挖掘数据的有效性和价值，只对具有研究价值的时间序列驱动因素进行深入分析。

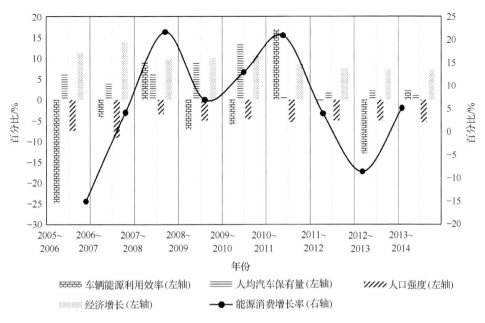

图 4-6　北京市营业性道路交通能耗影响因素贡献分析（2005～2014 年）

数据来源：著者整理得到

（1）2005～2006 年，能源消费下降了 15.08％，负向驱动因素主要有车辆能源利用效率和人口强度，其贡献分别为－24.99％和－7.57％；正向驱动因素有人均汽车保有量和经济增长，其贡献分别为 6.21％和 11.28％。虽然道路交通在此期间货物周转量增长了 3.6％，且货物周转量在各种交通运输方式中的占比也上升了 1 个百分点，旅客周转量增长了 33.2％，但营业性能源消费总量却减少了 15.6 万吨标准煤。因此，可以认为 2005～2006 年营业性道路运输能源消费下降的主要原因是交通运输能源利用效率的提高。通过深入分析可以得到，交通运输能源利用效率的提高来源于两个方面。第一，研发经费投入推动技术进步。研发经费的投入所带来的技术进步能够极大地提高节能效果（Schuelke-Leech，2014）。但能源经费的投入具有知识积累的时间效应，从而会使重大技术革新有一定的时滞。由于研发经费的投入带来的能源强度的提高会产生一定时滞，2005年研发经费投入为 55.85 亿元，2006 年比 2005 年增加 30 亿元，增长 53.72％。第二，政策效应，使得能源利用效率极大地提高。2005 年 12 月 31 日北京市实施相当于欧洲Ⅲ阶段排放标准的国家Ⅲ阶段排放标准，进一步规范新生产机动车的排放标准，从而提高车辆能源利用强度，进而导致 2006 年能耗的减少。

（2）2006～2007 年能源消费增长 4.15％，正向的驱动因素主要有经济增长和人均汽车保有量，其贡献分别为 13.82％和 3.90％；负向驱动因素主要有车辆能源利用效率和人口强度，其贡献分别为－4.42％和－9.15％。经济增长的贡献最大，主要是由于2007年全年地区生产总值9006.2亿元，比2006年增长12.3％，从而带动了客运货运的快速增长，而全年货物周转量和客运周转量分别为528.6亿吨公里和960.2亿人公里，分别比2006年增长了10.4％和16.3％。

（3）2007～2008年，能源消费增长了21.26％，正向驱动因素主要有人均汽车保有量、车辆能源利用效率和经济增长，其贡献分别为9.08％、9.62％和6.45％；负向驱动因素主要是人口强度，其贡献为－3.53％。

（4）2008～2009年和2009～2010年，能源消费增长率分别为6.92％和12.93％，正向驱动因素主要有人均汽车保有量、经济增长，其贡献分别为9.11％、10.04％和13.41％、10.42％；负向驱动因素主要有车辆能源利用效率和人口强度，其贡献分别为－7.26％、－4.97％和－6.16％、－4.75％。

（5）2010～2011年的情况和2007～2008年类似，都是能源消费保持快速增长，增速达到20.88％。车辆能源利用效率即能源强度的大幅上升导致其对能源消费的贡献由负值变为正值，其贡献为16.96％，从而引起能源消费的大幅增加。人均汽车保有量、经济增长仍然是正向驱动，贡献为0.78％、8.58％，负向驱动因素为人口强度，其贡献为－5.44％。

（6）2011～2012年，能源消费量增速放缓，由上一阶段的20.88％放缓到3.97％。其原因主要是，这一阶段的车辆能源效率即能源强度下降，从而使得能源消费量的增长放缓，其在此阶段能源消费增速中的贡献为－0.38％。

（7）2012～2013年和2005～2006年情况基本类似，但能源消费减少量有所放缓。2013～2014年和2010～2011年情况基本类似，不再赘述。

综上所述，人均汽车保有量和经济增长对于营业性道路运输能源消费的增长具有正向的促进作用，但随着时间的推移，经济增长和人均汽车保有量对营业性道路运输能源消费的促进作用都在减弱。人口强度对营业性道路运输能源消费的增加作用是负向的，这种负向作用并未随着时间的推移而减弱，说明人口强度作用有持续性。未来在制定道路能源消费的节能政策上，调整人口强度势在必行。

2）基于驱动因素总量进行分析

2005～2014年，驱动营业性道路运输能源消费的主要因素是人均汽车保有量和经济增长，促进其能源消费减少的主要因素是车辆能源利用效率的提高和人口强度的提高，见表4-10和图4-7。

（1）正向因素分析。

2005～2014年，营业性道路运输能源消费总量增加了30.50万吨标准煤，其中经济增长对于其能源消费的增加的贡献最大，达到85.64％。在其他因素保持不变的情况下，经济增长从2005年的6969.50亿元增加到2014年的16088.82亿元，营业性道路能源消费将增加50.33万吨标准煤。随着经济增速

表 4-10　北京市营业性道路交通能源消费变动因素（2005～2014 年）

驱动因素	贡献值/万吨标准煤	贡献率/%
车辆能源利用效率	−16.32	−27.77
人均汽车保有量	26.42	44.95
人口强度	−29.92	−50.92
经济增长	50.33	85.64

数据来源：著者整理得到

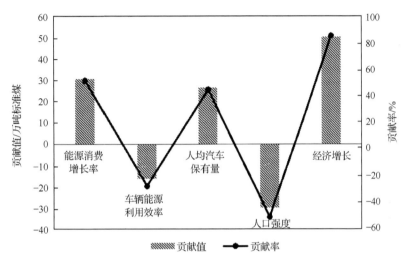

图 4-7　北京市营业性能源消费总量影响因素贡献值和贡献率（2005～2014 年）

数据来源：著者整理得到

的放缓，以及节能减排政策效应的加强，经济增长对于营业性道路运输能源消费的影响将会进一步减弱。

中国交通运输业能耗增长率总体上高于全社会能耗增长率，占全社会能耗的比例基本维持在 7.5%。各种运输方式的能耗主要集中在油耗上，2007 年交通运输业汽煤柴 3 种油耗叠加在一起，占全社会油耗的比例近 70%。交通运输中电能利用效率较高，节电效果好于全社会，电耗占全社会电耗的比例从 2002 年的 2.07% 降至 2007 年的 1.63%，但占全国交通运输能耗的比例仅 10% 左右，能耗结构不合理现象并未得到改善。2008 年国家铁路单位运输工作量综合能耗比 2007 年降低 3.1%，2009 年中国铁路电气化率达到 41.9%，铁路能耗结构出现根本性改善和优化，开始转变为以电耗为主。公路运输油耗总量呈快速增长趋势，百吨公里油耗指标呈稳中略升态势，节能空间和潜能较大。水运（含港口）能耗 2004 年之前呈上升趋势，之后下降趋势明显，约占交通运输业总能耗的 15%。民航每吨公里油耗从 2002 年的 0.364 千克降至 2007 年的 0.309 千克，航油消耗增长率维持在 12% 上下，有较明显的减弱趋势。中国交通运输能源消耗总量将进一步攀升，虽然能耗结构将得到一定程度优化，电耗比例会迅速增长，但由于公路能耗在交通运输能耗中占有绝对比例，故难以从根本上改善交通运输以油耗为主的结构特点。中国交通运输业应逐步调整到以铁路为主导的各种交通方式协调发展的模式上来，最大限度地降低运输业油耗在整个交通运输行业中的比例，"以电代油"（周新军，2010）。

(2) 负向驱动因素。

营业性道路运输能源消费节能效应的主要因素是人口强度和车辆能源利用效率。由于车辆能源利用效率与节能技术的革新具有紧密的关联，而技术进步依赖于科研经费的投入和知识的积累，且不易测量，具有较大的不确定性与时间的滞后效应，故而基于政府推动的节能技术的推广会取得更好的效果。

负向驱动因素中，人口强度对于营业性道路运输能源消费的增长作用比较显著，2005～2014 年，贡献率为 -50.92%，贡献值为 -29.92 万吨标准煤。这说明人口强度对于能源消费的增加具有持续性的作用。

4.2.3　提高能源效率、改善人口强度是营业性道路运输节能减排的关键

基于以上研究，可以得出以下主要结论。

第一，通过测算，2005～2014 年，北京市营业性道路运输能源消费总体上呈现出增长趋势，2014 年北京市营业性道路运输能源消费量为 162.19 万吨标准煤，比 2005 年增长 58.77%。

第二，总体来看，2005～2014 年北京市营业性道路运输能源消费总量年均增长 4.60%，其主要的正向驱动因素为经济增长和人均汽车保有量，贡献率分别为 50.33% 和 26.42%。负向驱动因素主要是人口强度和车辆能源利用效率的提高，贡献率分别为 -29.92% 和 -16.32%。

第三，在研究的每一个时间段，经济增长对于营业性道路运输能源消费的贡献都具有决定性的作用，经济的快速增长带来能源的大量消费，其平均贡献是 6.38%。这一研究结果说明，北京市营业性道路运输能源消费与经济增长和居民生活水平的提高有密切关系。但从数值上发现，随着时间的推移，经济增长对营业性道路运输能源消费的促进作用在减弱，并保持在一个稳定的水平。因此，北京市在减少道路交通能源消费、建设低碳交通的过程中，必须要把握好经济发展与节能减排的关系，实现经济增长与节能减排的双赢。

第四，2005～2006 年，营业性道路运输能源消费下降 15.08%，主要原因是车辆能源利用效率的提高，而深层原因是技术进步和政策效应。

第五，抑制 2005～2014 年营业性道路能源消费增长的最大贡献因素是人口强度。因此，提高人口强度是实现北京市营业性道路运输能源消费减排的关键手

段，而车辆能源利用效率的提高，需要大量的资金投入，且技术进步具有知识积累的时间效应和适用性，从而会使重大技术革新有一定的时滞，需要政策制定者对于资金投入的范围及量有完善的规划，故短期作用有限，为此，改善北京市道路交通结构、建立合理的道路交通管理系统、完善公共交通设施及服务和制定有效高效的停车管理策略才是提高人口强度的关键，也是建立和谐生态、节能减排的道路系统的决定性因素。

第六，2005～2014 年，人均汽车保有量对于营业性能源消费的增加的贡献也比较突出，年均贡献率为 3.78%，就其影响趋势而言，随着时间的推移，其对北京市营业性能源消费的影响持续减弱。就当前北京市道路交通机动车拥有量和人们的出行习惯而言，通过降低人均汽车保有量来达到节能减排的效果，对北京市而言并不是十分有效的政策选择。因此，构建良好强大的社会交通网络，改变现有城市高度集中的态势才能够从根本上做到节能减排。

随着北京市经济的持续发展及城市化的继续扩大，道路交通运输业能源消费的总量还会继续扩大，公路运输将面对更加严峻的交通堵塞、节能减排和环境保护的议题。促进营业性道路运输能源消费增加的主要因素是经济的快速增长和人均汽车保有量的增加，减少能源消费的主要因素是能源强度变化和人口强度变化。同时提出解决当前道路运输各方面问题需要政府和社会的共同努力：改善北京市道路交通结构、建立合理的道路交通管理系统、完善公共交通设施及服务和制定有效高效的停车管理策略才是提高人口强度的关键，也是建立和谐生态、节能减排的道路系统的决定性因素；构建良好强大的社会交通网络，改变现有城市高度集中的态势才能够从根本上做到道路的节能减排，共建一个和谐、宜居的美丽北京。

4.3　北京市社会及私人车辆能耗预测及影响因素分析

4.3.1　社会及私人车辆能耗研究方法与数据说明

对于交通运输业细分下的能源消费测算研究的方法中，由于缺乏全口径道路运输燃料消耗量的统计数据，文献以相关文献和专家经验估算为主，其中李连成等（2008）估算出中国 95% 的汽油、65% 的柴油和 80% 的煤油被各类交通工具所消耗，但这种估算的方法并不适用于北京市交通运输部门下的能源消费测算。基于交通运输业终端能源消费进行估算的方法，吴文化（2001）提出以百公里能耗来推算能源消费总量，在基础数据完备的情况下，能够精确测算出社会及私人交通运输能耗，故本节考虑到数据可得性，对北京市社会及私人交通运输能源消费量进行测算。LMDI 分解法有效地解决了数据中可能出现的零值与负值的问题，本节通过对分解模型进行改进，得到影响北京市社会及私人交通运输能源消费的影响因素。

1) 社会及私人汽车能耗测算模型

对社会及私人汽车能耗测算分为载客车辆和载货车辆两个方面。

$$E = E_C + E_F \tag{4-7}$$

其中，E 表示社会及私人汽车总能源消费量（万吨）；E_C 表示社会及私人载客车辆能源消费量（万吨）；E_F 表示社会及私人载货车辆能源消费量（万吨）。

社会及私人载客车辆 E_C 能耗计算方法为

$$E_C = \rho \cdot D \cdot \sum_{i=1}^{2} Q_{C_i} \cdot G_{C_i} \cdot L_{C_i} \tag{4-8}$$

其中，i 表示载客车辆分类，$i=1$ 表示中小客车，$i=2$ 表示大客车；Q_{C_1}、Q_{C_2} 分别表示社会及私人载客汽车中小客车、大客车的数量（万辆）；G_{C_1}、G_{C_2} 分别表示社会及私人载客中小客车、大客车平均百公里油耗（升／百公里）；L_{C_1}、L_{C_2} 分别表示社会及私人载客中小客车、大客车年平均行驶里程（百公里）；D 表示燃油密度（取汽油密度 0.739 吨/千升和柴油密度 0.84 吨/千升的平均值 0.7895 吨/千升）；ρ 表示强度系数。

社会及私人载货车辆 E_F 的测算方法为

$$E_F = \rho \cdot D \cdot \sum_{i=1}^{4} Q_{F_i} \cdot G_{F_i} \cdot L_{F_i} \tag{4-9}$$

其中，i 表示载货车辆分类，$i=1$ 表示微型货车，$i=2$ 表示轻型货车，$i=3$ 表示中型货车，$i=4$ 表示重型货车；Q_{F_i} 分别表示社会及私人载货车辆的数量（万辆）；G_{F_i} 分别表示社会及私人载货车辆平均百公里油耗（升／百公里）；L_{F_i} 分别表示社会及私人载货车辆年平均行驶里程（百公里）；D 表示燃油密度（取汽油密度 0.739 吨/千升和柴油密度 0.84 吨/千升的平均值 0.7895 吨/千升）；ρ 表示强度系数。

2) 因素分解模型

本节依据 LMDI 基本模型，对公路运输领域中占据主导地位的社会及私人交通运输能耗影响因素进行分解并对模型进行改进，同时考虑到数据的可得性、变量的适应性及北京市特点，将模型表示如下，等式中各变量的含义如表 4-11 所示。

$$E = \sum_{i=1}^{3} \frac{E}{M} \cdot \frac{M}{L} \cdot \frac{L}{I} \cdot \frac{I}{Y_i} \cdot \frac{Y}{P} \cdot P \tag{4-10}$$

式（4-10）进一步表示为

$$E = \sum_{i=1}^{3} E_M \cdot E_L \cdot E_I \cdot E_{S_i} \cdot E_P \cdot P \tag{4-11}$$

以上两个等式中的 $i=1$，2，3 分别表示第一产业、第二产业和第三产业，主要为了考察经济结构对交通运输业中社会及私人交通能耗及影响，同时为了反映全市公路基础设施投资对社会及私人汽车数量及其能耗的影响，将其纳入考虑范围。

表 4-11　相关变量含义

变量	含义	变量	含义
E	社会及私人运输能耗	Y	总产出
P	常住人口	E_M	$E_M=E/M$，车辆能源利用效率
M	机动车拥有量	E_L	$E_L=M/L$，道路车辆占有率
L	公路里程	E_I	$E_I=L/I$，单位里程所占用的公路基础投资
I	全市公路基础设施投资	E_{S_i}	$E_{S_i}=I/Y_i$，道路基础设施投入占产出比例
Y_i	第 i 产业产出	E_P	$E_P=Y/P$，人均 GDP

3）数据来源

常住人口、机动车拥有量、营业客车数量、公共汽车、出租车、营业货车、新注册民用汽车数量、微型客车、小型客车、中型客车、重型客车、中型货车、重型货车、公路里程、交通运输基础设施投资、三大产业产出、总产出均来自于 2006～2015 年《北京统计年鉴》，其中产出、总产出均以 2005 年不变价进行处理；全国能源消费总量、全国 GDP 来自于 2005～2014 年国家统计局统计数据，同样 GDP 以 2005 年不变价进行处理。社会及私人载客和载货车辆数由计算得到。燃油密度取汽油密度 0.739 吨/千升和柴油密度 0.84 吨/千升的平均值 0.7895 吨/千升。

4.3.2　社会及私人车辆能耗趋于稳定

运用社会及私人交通运输能源消费测算模型公式（4-7）～公式（4-9），得到 2005～2014 年北京市社会及私人交通运输能源消费量。同时运用改进的 LMDI 模型，以 2 年为间隔，把 2005～2014 年划分为 10 个时间段分别计算。采用 MATLAB 实现模型计算，将北京市社会及私人交通运输能源消费量分解为 6 种驱动因素的贡献。

2005～2014 年北京市公共汽车和出租车数量基本稳定，营业客车和营业货车数量保持较快增长。2014 年北京市社会及私人载客车辆达到 482 万辆，是 2005 年的 2.69 倍，年均增长 10.38%；2014 年北京市社会及私人载货车辆达到 8.61 万辆，是 2005 年的 1.61 倍，年均增长 4.89%（表 4-12 和图 4-8）。

表 4-12　北京市社会及私人车辆分布情况（2005～2014 年）

（单位：万辆）

年份	民用载客汽车合计	减：营业客车	减：公共汽车	减：出租车	社会及私人载客车辆	民用载货汽车合计	减：营业货车	社会及私人载货车辆
2005	188.31	0.53	2.03	6.60	179.15	17.73	12.39	5.34
2006	217.56	2.42	1.95	6.66	206.53	17.69	14.28	3.41
2007	251.63	2.87	1.94	6.66	240.16	17.56	10.91	6.65
2008	291.02	2.94	2.15	6.66	279.27	18.13	12.15	5.98
2009	345.44	3.54	2.17	6.66	333.07	18.30	14.41	3.89
2010	425.74	3.12	2.15	6.66	413.81	19.39	12.63	6.76
2011	444.16	4.29	2.16	6.66	431.05	21.49	14.32	7.17
2012	464.86	4.92	2.21	6.66	451.07	23.70	16.36	7.34
2013	486.14	5.48	2.36	6.70	471.6	25.71	18.63	7.08
2014	496.92	5.80	2.37	6.75	482	28.91	20.30	8.61

数据来源：北京市统计局（2005～2014）及著者整理得到

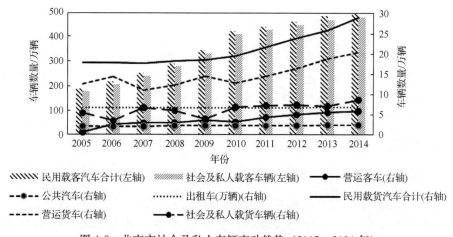

图 4-8　北京市社会及私人车辆变动趋势（2005～2014 年）

数据来源：北京市统计局（2005～2014）及著者整理得到

测算出社会及私人交通运输能耗及各类车型能耗。考虑到北京市能源强度与全国能源强度的差异性，加入能源强度系数对结果进行校准，测算结果如表 4-13 所示。

2005～2014 年北京市社会及私人车辆分车型油耗及其总油耗如下。北京市 2014 年社会及私人车辆总油耗为 378 万吨，其中微型客车、中小客车、大客车、小型货车、中型货车和重型货车油耗分别为 2.42 万吨、351.08 万吨、0.77 万吨、17.03 万吨、1.64 万吨和 5.74 万吨（由于微型货车在 2008 年以后停止运行，

表 4-13 北京市社会及私人车辆不同车型油耗（2005～2014 年）

（单位：万吨）

年份	微型客车	中小客车	大客车	微型货车	小型货车	中型货车	重型货车	社会及私人运输油耗
2005	6.86	133.76	0.73	0.19	10.35	3.53	4.21	159.63
2006	6.49	156.35	0.81	0.02	6.60	2.20	2.83	175.30
2007	6.26	185.72	0.87	0.02	12.90	4.20	5.71	215.68
2008	6.23	226.21	0.96	0.00	11.87	3.81	5.49	254.57
2009	5.38	271.02	0.62	0.00	7.69	2.20	3.65	290.56
2010	5.62	341.11	0.69	0.00	13.45	3.36	6.98	371.21
2011	4.99	342.77	0.69	0.00	14.09	2.85	7.09	372.48
2012	4.40	360.45	0.76	0.00	14.80	2.40	7.24	390.05
2013	3.17	339.62	0.68	0.00	13.16	1.68	5.90	364.21
2014	2.42	351.08	0.77	0.00	17.03	1.64	5.74	378.68

数据来源：北京市统计局（2005～2014）及著者整理得到

故其能耗为零，不作考虑）。这六种车型中又以中小客车的能耗最多，达到社会及私人总油耗的 92.7%，占交通运输业总能耗的 40.97%，故要做到交通运输部门节能减排，首先要提高中小型客车的能源利用效率。

从图 4-9 中可以看到，北京市社会及私人交通运输油耗总体上保持上升的趋势且逐渐保持在 370 万吨左右，在 2010 年以后，其占北京市交通运输业能耗总量的比例达到 45% 以上，因此，要做到交通运输业的节能减排必须先从社会及

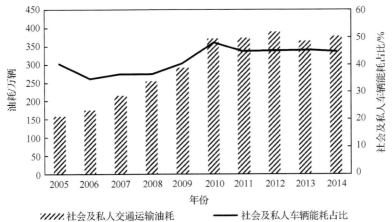

图 4-9 北京市社会及私人车辆油耗及其占交通运输业总能耗比例（2005～2014 年）

数据来源：北京市统计局（2005～2014）及著者整理得到

私人交通运输油耗的节能减排入手。要研究其减排可行性，必须分析其能耗影响因素。

4.3.3　社会及私人车辆能耗驱动因素及其总量分析

依据公式（4-10）～公式（4-11），对 2005～2014 年北京市社会及私人车辆能耗影响因素进行分析，将其影响因素分为车辆能源利用效率、单位里程汽车承载量、基础设施投资强度、基础设施投资结构、人均产出、人口，考察这些因素对于北京市社会及私人车辆能耗贡献，结果见表 4-14 和图 4-10。

表 4-14　北京市社会及私人车辆能耗影响因素及其贡献（2005～2014 年）

（单位：%）

		变量名称	2005～2006 年	2006～2007 年	2007～2008 年	2008～2009 年	2009～2010 年	2010～2011 年	2011～2012 年	2012～2013 年	2013～2014 年
		能源消费增长率	9.82	23.03	18.03	14.14	27.76	0.35	4.71	−6.62	3.97
各种因素变动贡献		人口	4.21	5.09	6.00	5.24	6.04	2.85	2.54	2.10	1.76
		人均产出	11.78	16.37	7.18	4.30	10.90	11.28	7.23	7.76	5.83
		基础设施投资强度	−95.05	−31.87	9.36	27.28	38.88	−9.07	10.14	−24.42	42.65
		基础设施投资结构	113.97	11.77	−24.73	−34.66	−53.89	−3.96	−19.22	15.37	−49.42
		车辆能源利用效率	−1.45	13.70	5.68	−0.52	7.42	−3.21	0.35	−10.93	1.12
		单位里程汽车承载量	−23.64	7.98	14.54	12.50	18.40	2.46	3.67	3.49	2.03

数据来源：北京市统计局（2005～2014）及著者整理得到

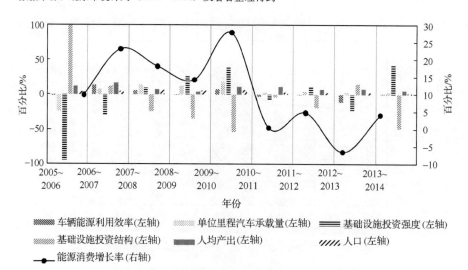

图 4-10　北京市社会及私人车辆能耗贡献情况（2005～2014 年）

数据来源：北京市统计局（2005～2014）及著者整理得到

　　由于不同时间段，社会及私人车辆能源消费增长速度和各个驱动因素的贡献值各不相同，本节只对具有研究价值的时间序列驱动因素进行深入分析，深入挖掘数据的有效性和价值，对于其他时期的结果只进行简单描述。

　　(1) 2005~2006 年，北京市社会及私人交通能耗增长 15.67 万吨燃油，增长 9.82%，主要正向驱动因素为人口、人均产出和基础设施投资结构，其贡献分别为 4.21%、11.78% 和 113.97%；负向驱动因素为基础设施投资强度、车辆能源利用效率和单位里程汽车承载量，其贡献分别为 -95.05%、-1.45% 和 -23.64%。在此期间，公路里程增加 5807 公里，增长了 39.51，而全市公路基础设施投资增加 99.9 亿元，这提高了北京市汽车容纳量，增加汽车保有量，进而增大了能源消费。同时大幅度增加全市公路基础设施投资，就会减少道路交通的其他投入，故而基础设施投资结构对能耗的贡献为正。另外，大幅度提高全市公路基础设施投资能减少单位汽车拥堵程度及路途等待时间，间接改善道路交通环境，降低道路交通能耗，故基础设施投资强度对社会及私人车辆的能耗为负。

　　(2) 2006~2007 年，北京市社会及私人交通能耗增长 40.37 万吨燃油，增长 23.03%，主要正向驱动因素为人口、人均产出、基础设施投资结构、车辆能源利用效率和单位里程汽车承载量，其贡献分别为 5.09%、16.37%、11.77%、13.70% 和 7.98%；负向驱动因素为基础设施投资强度，其贡献为 -31.87%。一方面，郊区初步形成了以国道、市道为骨架，县道、乡道为支脉，纵横交错、四通八达的公路网系统。2007 年年末全市公路总长 20754 公里，其中，高速公路总里程 628 公里。公路网密度为 1.26 公里/平方公里，每平方公里比 2006 年年末增加 0.015 公里。另一方面，由投资引起的道路基础设施的完善，带来道路客运量的快速增长，2007 年旅客周转量 960.2 亿人公里，同比增长 16.30%。其中，铁路 90.8 亿人公里，增长 2%；公路 147.4 亿人公里，增长 86.1%；民航 721.9 亿人公里，增长 9.8%。可见，交通运输投资机构的调整及道路里程的增长有利于降低交通运输业能源消费。

　　(3) 2007~2008 年，北京市社会及私人交通能耗增长 38.88 万吨燃油，增长 18.03%，主要正向驱动因素为人口、人均产出、基础设施投资强度、车辆能源利用效率和单位里程汽车承载量，其贡献分别为 6.00%、7.18%、9.36%、5.68% 和 14.54%；负向驱动因素为基础设施投资结构，其贡献为 -24.73%。2007~2008 年，城市道路规划及城区建设，导致公路里程减少，全市公路基础设施投资也较 2006 年有所减少，导致基础设施投资强度对于社会及私人交通能耗的贡献为正向；而 2007 年全市民用汽车保有量 318.1 万辆，增长 14.5%，其中私人汽车 248.3 万辆，增长 17.1%；民用轿车保有量 210.5 万辆，增长 16.4%，其中私人轿车 174.4 万辆，增长 19.2%；完成乡村公路大修 645 公里，完成农村街坊路硬化工程 300 万平方米；建成农村客运站 8 个，开通农村客运线路 26 条，全部行政村实现"村村通公交"，促使基础设施投资结构对于社会及私人能耗贡献为负。

（4）2008～2009 年，北京市社会及私人交通能耗增长 35.99 万吨燃油，增长 14.14%，主要正向驱动因素为人口、人均产出、基础设施投资强度和单位里程汽车承载量，其贡献分别为 5.24%、4.30%、27.28%和 12.50%；负向驱动因素为基础设施投资结构和车辆能源利用效率，其贡献分别为－34.66%和－0.52%。

（5）2009～2010 年和 2007～2008 年类似，不再赘述。北京市社会及私人交通能耗增长 80.65 万吨燃油，增长 27.76%，主要正向驱动因素为人口、人均产出、基础设施投资强度、车辆能源利用效率和单位里程汽车承载量，其贡献分别为 6.04%、10.90%、38.88%、7.42%和 18.40%；负向驱动因素为基础设施投资结构，其贡献为－53.89%。

（6）2010～2011 年，北京市社会及私人交通能耗增长 1.29 万吨燃油，增长 0.35%，主要正向驱动因素为人口、人均产出和单位里程汽车承载量，其贡献分别为 2.85%、11.28%和 2.46%；负向驱动因素为基础设施投资强度、基础设施投资结构和车辆能源利用效率，其贡献为－9.07%、－3.96%和－3.21%。

（7）2011～2012 年和 2008～2009 年类似，不再赘述。北京市社会及私人交通能耗增长 17.55 万吨燃油，增长 4.71%，主要正向驱动因素为人口、人均产出、基础设施投资强度、车辆能源利用效率和单位里程汽车承载量，其贡献分别为 2.54%、7.23%、10.14%、0.35%和 3.67%；负向驱动因素为基础设施投资结构，其贡献为－19.22%。

（8）2012～2013 年，北京市社会及私人交通能耗减少 25.84 万吨燃油，下降 6.62%，主要正向驱动因素为人口、人均产出、基础设施投资结构和单位里程汽车承载量，其贡献分别为 2.10%、7.76%、15.37%和 3.49%；负向驱动因素为基础设施投资强度和车辆能源利用效率，其贡献为－24.42%和－10.93%。人口增长对于社会及私人能耗增长贡献逐步降低，单位车辆能耗的降低对于社会及私人车辆能耗影响逐步凸显。降低单位车辆能耗，即提高车辆能耗强度，对于交通运输节能减排意义重大。

（9）2013～2014 年，北京市社会及私人交通能耗增长 14.47 万吨燃油，增长 3.97%，主要正向驱动因素为人口、人均产出、基础设施投资强度、车辆能源利用效率和单位里程汽车承载量，其贡献分别为 1.76%、5.83%、42.65%、1.12%和 2.03%；负向驱动因素为基础设施投资结构，其贡献为－49.42%。

4.3.4　提高能源效率、加大基础设施投入是可持续发展的关键

基于以上研究，可以得出以下主要结论。

第一，提高社会及私人车辆的能源利用效率，尤其是提高中小型客车的能源利用效率对于北京市交通运输业节能减排意义重大。2014 年北京市社会及私人车辆总油耗为 378 万吨，比 2005 年能耗增长 137%。在社会及私人车辆各种车型的能耗中，以中小客车的能耗最多，达到社会及私人车辆总油耗的 92.7%，占交通运输业总能耗的 40.97%。

第二，加大对公路基础设施投入，提高其占 GDP 的份额，能够有效地减少社会及私人车辆能耗。2005~2014 年，北京市社会及私人车辆能耗总量年均增长 9.01%，其中主要的正向驱动因素为人口、人均产出、基础设施投资强度、车辆能源利用效率和单位里程汽车承载量，其平均贡献为 4.29%、10.30%、2.71%、0.24% 和 6.24%；负向驱动因素主要为基础社会投资结构，其平均贡献为 -13.78%。

第三，2005~2006 年，北京市社会及私人交通能耗增长 9.82%，究其深层次的原因主要是公路里程增加 5807 公里，增长了 39.51%，全市公路基础设施投资增加 99.9 亿元，这提高了北京市汽车容纳量，同时大幅度提高全市公路基础设施投资，就会减少道路交通的其他投入，基础设施投资结构对能耗的贡献为正。另外，大幅度提高全市公路基础设施投资能减少单位汽车拥堵程度及路途等待时间，间接改善道路交通环境，降低道路交通能耗，基础设施投资强度对社会及私人车辆能耗为负。

第四，城市道路规划及城区建设，导致公路里程减少，全市公路基础设施投资也较 2006 年有所减少，引起 2007~2008 年基础设施投资强度对于社会及私人交通能耗的贡献为正向；而 2007 年全市民用汽车保有量 318.1 万辆，增长 14.5%；全部行政村实现"村村通公交"，促使基础设施投资结构对于社会及私人能耗的贡献为负。

第五，人口增长对于社会及私人车辆能耗的增加的贡献逐步降低，提高单位车辆能源利用效率才是解决当前交通运输业能耗急剧增长的关键所在。2012~2013 年，北京市社会及私人交通能耗增长为 -6.62%，主要由于人口增长对于社会及私人能耗增长的贡献逐步降低，单位车辆能耗的降低对于社会及私人车辆能耗的影响逐步显现，需要进一步降低单位车辆能耗。因此，提高车辆能耗强度，对于交通运输节能减排意义重大。

随着北京市"十三五"规划的推进，有序疏解非首都功能、治理"大城市病"、优化提升首都核心功能、推动京津冀协同发展，道路交通运输将进一步承担艰巨的使命。为了更好地达到社会及私人部门车辆能耗的节能减排效果，需要加大对道路基础设施的投入，提高汽车能源利用效率，尤其需要提高中小型客车的能源利用效率。

第5章 北京市电力部门低碳发展研究

　　中国能源结构以煤炭为主，而煤的燃烧会产生大量温室气体，煤炭也因此成为最大的二氧化碳排放源。据研究，2014年全国火力发电产生的碳排放占碳排放总量的42.55%，所以要发展低碳经济，电力行业减排势在必行。电力行业作为高能耗、高污染和高排放的行业，面临巨大的节能减排压力，其低碳发展问题涉及政府、行业、市场等主体，电力行业发展低碳经济必须以政府为主导、以电力企业为主体、以节能减排为主题，强调政府积极引导、企业主动参与，进而实现产业部门节约能源、提高能源效率、获取经济环境社会效益、推动地区之间的均衡发展和代际的公平。本章主要对北京市电力部门进行以下三个方面的研究：

- 北京市电力基本情况分析
- 北京市电力消费与经济增长的关系
- 北京市电力部门碳排放及影响因素分析

5.1　北京市电力基本情况

改革开放以来，中国经济发展迅速，国内生产总值从 1978 年的 3650.2 亿元增长到 2014 年的 636138.7 亿元，但伴随着经济指标快速增长的是森林的减毁、河流与大气的污染、农田的沙漠化及城市生活质量的全面下降等问题，对人类自身的生存与发展构成了严重的威胁。

作为世界上最大的发展中国家，中国正值工业化快速发展时期，对能源有非常大的需求。电力作为一种优质、高效的二次能源，在世界能源体系中的地位越来越重要。燃料容易获取，热机效率高，调峰较易实现，建设成本低，容易与冶金、化工、水泥等高能耗工业形成共生产业链，使得终端消费中电力对传统化石能源的替代程度正逐渐加深。电力工业作为经济社会发展的基础性行业，具有投资大、产业链长、相关产业融合度高的特点，在生产生活中扮演着十分重要的角色，而以煤电为主的电力工业又是高耗能、高污染、高排放的重点行业之一。因此，推进电能替代、调整能源结构，是解决能源需求快速增长与环境压力日益增大之间矛盾的重要出路。2012 年，中国发电量已高居世界第一，电力消费占中国能源消费总量的比例逐年攀升，由 1978 年的 3.4％上升到 2014 年的 11.2％。但是与其他大部分国家不同的是，中国电力以火电为主且火电的生产主要依赖煤炭，因此中国电力生产会有大量的二氧化碳排放。如图 5-1 所示，全国碳排放 2005～2014 年基本呈现逐年增长趋势，2011 年已突破 80 亿吨，且 2014 年碳排放总量相比于 2005 年增长了 78.18％。火力发电碳排放也呈现出增长趋势，并且占全国碳排放量相当高的比例，2014 年火力发电碳排放已占全国碳排放总量的 44％。因此，为实现电力行业绿色发展，减少碳排放总量，电力行业仍面临巨大挑战。

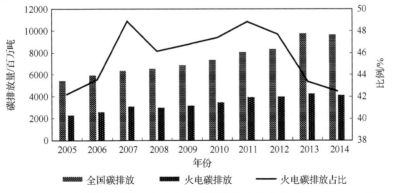

图 5-1　全国碳排放总量、火力发电碳排放量及其占比（2005～2014 年）
数据来源：国家统计局（2006～2015）及著者整理得到

北京是全国的政治、文化中心，这一角色要求北京市在发展的过程中既不能走重工业化的发展道路，也不能完全脱离实体经济。基于北京市的城市功能定位，发展低碳经济是一种带有强制性的需求。2014年北京地区生产总值达21330.8亿元，第一产业产值达159亿元，占0.75%；第二产业中，工业产值为3746.8亿元，占比17.57%，建筑业产值为902.7亿元，占比4.23%；第三产业产值为16627亿元，占比为77.95%。随着经济的发展，各大产业对电力的需求不断变化。北京市电力消费弹性系数明显高于能源消费的弹性系数，2014年北京市电力消费的弹性系数和能源消费的弹性系数分别为0.37和0.22，前者约为后者的1.7倍。说明在国民经济年平均增长率一定的情况下，电力消费的年平均增长率明显高于能源消费的年平均增长率。

2014年北京市电力行业能源消费量约占第二产业能源消费总量的25%，其产值约占第二产业产值的16%。电力工业作为高能耗、高污染和高排放的行业，面临巨大的节能减排压力，发展低碳经济已经成为电力工业可持续发展的首要任务。电力工业低碳发展问题涉及政府、行业、市场等主体，电力工业发展低碳经济必须以政府为主导、以电力企业为主体、以节能减排为主题，强调政府积极引导、企业主动参与，进而实现产业部门节约能源、提高能源效率、获取经济环境社会效益、推动地区之间的均衡发展和代际的公平。

5.1.1　供电逐年增加，发电煤耗呈下降趋势

北京市近郊有国华北京热电厂（原北京热电总厂）、北京第二热电厂、密云水力发电厂、北京第三热电厂（北京市云岗热电厂）、北京京能热电股份有限公司、北京京西发电责任有限公司、北京十三陵抽水蓄能发电厂、北京大唐发电股份有限公司高井发电厂共八家发电厂，除了两家水力发电厂，其余均为火力发电厂，装机容量为735万千瓦，其中火电机组容量为632万千瓦，水电机组容量为103万千瓦。

2000年，水力发电量为8.64亿千瓦时，2001年减少至1.64亿千瓦时，2002年和2003年都有小幅增加，2003年达到了6.52亿千瓦时，在之后的几年，水力发电量平均水平保持在4.5亿千瓦时左右，2008年水力发电量最少，只有0.36亿千瓦时。相比之下，火力发电量连年增长，2000年火力发电量为136.62亿千瓦时，并在之后两年保持在130亿千瓦时左右，2005年火力发电达到209.8亿千瓦时，较2000年增长了53.6%，并保持不断增长的趋势，至2010年火力发电量达到261.8亿千瓦时，截止到2014年，火力发电量为351亿千瓦时，与2000年相比，增长了156.9%，出现了大幅度的增长。北京市2000~2014年水力发电量与火力发电量具体情况如图5-2所示。

北京市水电资源没有明显的优势，水电装机库容小。火力发电在全市的发电

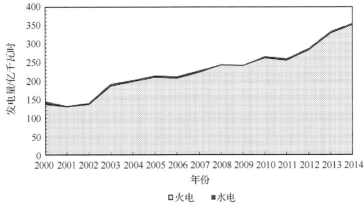

图 5-2　北京市水电、火电发电量（2000～2014 年）
数据来源：国家统计局（2001～2015）

结构中占相当大的比例，而火力发电以煤电为主，煤的燃烧会产生大量的二氧化碳排放，对资源和环境带来巨大的影响。吴辉（2011）认为电力工业低碳发展的本质，是在科学发展理念指导下，通过管理创新、技术创新、机制创新、政策创新、产业转型、新能源开发等多种手段，尽可能地减少能源消耗，减少温室气体排放，实现经济社会可持续发展与生态环境保护的双赢。

由于北京水资源缺乏，北京市的水力发电量远小于火力发电量。与火力发电相比，水电产生的二氧化碳很少，同等发电量情况下，仅是火电产生二氧化碳的 0.3%～0.5%，因此研究北京市火力发电情况及影响因素，对实现北京市电力行业低碳发展尤为重要。

随着北京的经济发展不断加快，对电力能源的需求日益增大，北京市的火力发电量也在逐年增加。火力发电的主要燃料是原煤，自 2000 年以来，北京市用来发电的原煤使用量如图 5-3 所示。

北京市 2000 年发电所用的原煤消耗量为 707.09 万吨，2001 年减少到 645.59 万吨，此后一直增加，直到 2005 年达到最大使用量 897.75 万吨，之后有所减少，其中 2007 年的原煤使用量为 816.17 万吨，较 2000 年增加了 15.43%。2014 年的使用量为 503.15 万吨，较之 2005 年的峰值，减少了 43.95%。出现这样的现象，主要有以下原因。

（1）发电技术的提高。从 2000 年起，北京市的火力发电厂的发、供电标准煤耗都在逐年降低，如图 5-4 所示，北京市的火力发电标准煤耗自 2001 年起开始缓慢下降，在 2004 年有所反弹，自 2004 年起，北京市火力发电标准煤耗开始保持每年缩减状态，缩减幅度与前一年相比为 2%～5%，直至 2013 年下降到单位千瓦时消耗 245.63 克标准煤。供电标准煤耗也出现类似的变化规律，2001～

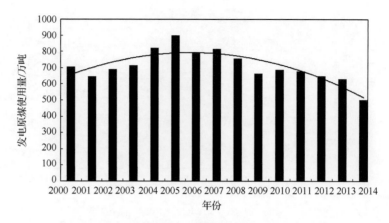

图 5-3　北京市火力发电原煤使用量（2000～2014 年）
数据来源：国家统计局（2001～2015）

2003 年保持微幅下降，2004 年有所反弹，但之后便呈现平稳下降状态，直至 2013 年，北京市供电标准煤耗下降到 259.86 克/千瓦时。由此可见，发电技术的提高，使得发供电煤耗降低，从而降低了原煤的使用量。

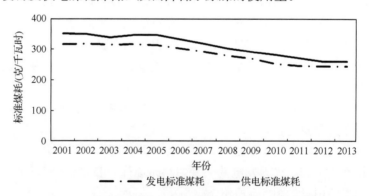

图 5-4　北京市发电、供电标准煤耗（2001～2013 年）
数据来源：中国电力年鉴网（2015）

　　（2）能源结构调整。除了使用原煤来进行火力发电，北京市的火力发电厂还使用了其他能源来生产电力，如其他洗煤、型煤、焦炭、焦炉煤气、高炉煤气、其他煤气、其他焦化产品、炼厂干气、天然气、柴油、燃料油、石油焦、其他石油制品、热力、其他能源等。其中使用较多的能源是其他洗煤、焦炉煤气、其他煤气、燃料油、柴油。2000～2014 年北京市火力发电其他能源的具体能源使用量如表 5-1 所示，其他洗煤的使用量较为稳定，保持在 6 万吨左右；型煤从 2006 年才开始使用，但从 2006 年的 7.97 万吨逐渐减少至 2014 年的 0.59 万吨，保持下降趋势；焦炭只在 2008 年投入使用了 0.11 万吨；焦炉煤气使用量一直较少，

表 5-1　北京市火力发电其他能源使用量（2000～2014 年）　　（单位：万吨）

能源	2000 年	2001 年	2002 年	2003 年	2004 年	2005 年	2006 年
其他洗煤	2.28	0	3.43	6.31	6.48	6.57	6.36
型煤	0	0	0	0	0	0	7.97
焦炭	0	0	0	0	0	0	0
焦炉煤气	0.23	0	0.17	0.24	0.55	0.64	0.38
高炉煤气	0	0	0	0	0	0	0
其他煤气	0	0	15.82	16.92	17.74	16.09	20.66
其他焦化产品	0	0	0	0	15.05	0	0
炼厂干气	0	0	0	0	0	0	0
天然气	0	0	0	0	0	0.28	3.41
油品合计	18.80	0	14.20	14.24	0	12.73	6.59
柴油	0.50	0.32	0	0.29	0.39	0.48	0.21
燃料油	18.04	17.15	13.94	13.95	14.66	12.25	6.38
石油焦	0	0	0	0	0	0	0
其他石油制品	0	0	0	0	0	0	0
热力	0	0	0	0	0	0	0
其他能源	19.00	0	0	9.83	9.41	8.58	6.83

能源	2007 年	2008 年	2009 年	2010 年	2011 年	2012 年	2013 年	2014 年
其他洗煤	5.76	5.05	6.15	5.38	0	0	0	0
型煤	7.93	5.66	3.73	1.53	1.23	1.48	0.93	0.59
焦炭	0	0.11	0	0	0	0	0	0
焦炉煤气	0.07	0	0.13	0.04	0	0	0	0
高炉煤气	0	0	0	15.89	0	0	0	0
其他煤气	11.18	10.40	10.23	0	0	0	0	0
其他焦化产品	4.74	7.97	6.62	0	0	0	0	0
炼厂干气	0.06	0.44	0.83	1.37	0.41	0.48	0.19	0.09
天然气	5.03	11.09	13.55	16.08	15.70	21.22	29.46	37.89
油品合计	6.85	4.60	3.27	9.78	7.50	6.99	4.82	7.18
柴油	0.33	0.15	0.10	0.10	0.09	0.10	0.20	0.18
燃料油	4.74	2.56	0.82	0.49	0.25	0.13	0	0
石油焦	0	0	0.82	6.97	5.87	5.69	3.69	6.33
其他石油制品	1.72	1.45	1.52	0.85	0.87	0.60	0.73	0.56
热力	227.27	277.98	474.03	0	0	0	0	0
其他能源	11.94	4.90	0	20.42	18.56	19.67	16.47	16.66

数据来源：国家统计局（2001～2015）

2005 年投入使用最多，也只有 0.64 万吨；高炉煤气只在 2010 年投入使用了 15.89 万吨；2002～2009 年还投入了一定规模的其他煤气进行火力发电，但投入量在 2006 年之后基本上保持逐年减少的状态；2004 年、2007～2009 年这四年都投入了部分其他焦化产品进行火力发电；自 2007 年起，炼厂干气也作为火力发电的能源之一投入使用；自 2005 年起，天然气也作为火力发电的能源之一，并且投入量保持逐年增加的趋势，到 2014 年达到 37.89 万吨之多；柴油在火力发电过程中一直保持较少的使用量；燃料油在 2000 年投入 18.04 万吨，投入量基本逐年减少，到 2013 年不再投入使用；石油焦从 2009 年才开始投入使用，但 2010 年的使用量是 2009 年的 8.5 倍之多，并在随后一直保持高投入状态，到 2014 年达到 6.33 万吨。其他能源使用量变化较大，从而导致原煤的使用量与发电量的关系往往出现不一致的趋势，在一定程度上，其他能源的消费量也减少了原煤的使用。

（3）从外省市调入大量的电力，降低了北京市自身火力发电量的增幅，从而减少了原煤使用量。据历史数据显示，北京市的电力消费量远大于自身所产生的电力，所以自 2000 年起，北京市每年从华北、华中地区电网调入电力，以满足自身的需求。如图 5-5 所示，北京市外调电量从 2000 年的 239.16 亿千瓦时开始稳步增长，到 2014 年为 581 亿千瓦时，达到平均每年 9.54% 的增长速率。

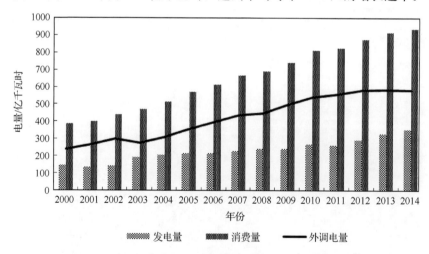

图 5-5　北京市发电量、消费量和外调电量（2000～2014 年）
数据来源：中国电力年鉴网（2015）、国家统计局（2015）及著者整理得到

因此，通过火力发电技术创新，调整与优化电力工业结构，推动能源生产和利用方式变革，大力提高非化石能源和低碳清洁能源的比例等途径，可以挖掘电力工业节能减排的潜力，实现火电行业低碳发展，并且可以在确保和实现经济社会发展目标提供经济、安全、高效、清洁的可持续能源的同时，实现能源节约、

结构优化、污染减排和应对气候变化的局面。

5.1.2　用电逐年增加，行业、区域差异明显

北京市具有很高的电力消费水平，这是由其本身的地理位置和相应的政治、文化特性所决定的。随着北京市经济的进一步发展，对电力消费的需求也随之快速地增加，电力消费的结构、重心及电力消费对整个经济的影响也发生重大的变化。总体上，北京市电力消费的特征呈现出电力消费需求增加、电力消费逐渐向第三产业集中、居民生活用电持续增加等趋势。

电力消费情况通常可以按照行业和区域来划分。北京三大产业发展迅速，2014 年，第一产业用电量为 18.56 亿千瓦时，比 2000 年增长了 41.9%；第二产业中的工业和建筑业的用电量占据了较大比例，电力消费量从 2000 年的 217.26 亿千瓦时，增加到 2014 年的 260.76 亿千瓦时，增长幅度为 20.02%，平均每年增长 1.34%；第三产业用电量猛增，从 2000 年的 106.43 亿千瓦时增加到 2014 年的 424.88 亿千瓦时，增加了 299.21%，年均增幅为 21.37%，这主要和北京市近些年的餐饮、娱乐、运输、零售业等产业迅速发展息息相关；相比之下，生活用电中，农村用电保持在一个较稳定的水平，从 2000 年的 9.11 亿千瓦时，增加到 2014 年的 23.52 亿千瓦时；城市生活用电从 2000 年的 38.54 亿千瓦时，增加到 2014 年的 145.74 亿千瓦时，基本保持每年 19.87% 的增速。与城市地区相比，农村地区的用电还处于保证基本生产生活需要的水平上，因此电力消费水平相对较低，但是农村地区的电力消费正在经历迅速增长和结构转变的过程，就北京地区而言，农村电力消费的增长持续保持比较高的状态。具体各行业用电量情况见图 5-6。

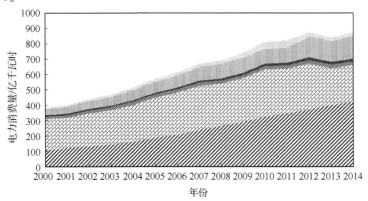

图 5-6　北京市分行业电力消费量（2000～2014 年）

数据来源：北京市统计局（2001～2015）

　　北京市在用电量上也呈现出区域性的差异。用电量往往能够反映一个区县的经济发展程度或人口密集度。以 2013 年的数据为例，在北京市诸多区县中，朝阳区位列第一，用电量达到了 173.47 亿千瓦时，占当年总用电量的 19%，主要原因在于朝阳区地处北京的东部，坐拥 CBD 及众多娱乐、零售、服务行业和商业金融机构，致使该地区用电量数额巨大；海淀区用电量达到了 136.95 亿千瓦时，占整体的 15%；西城区、昌平区、顺义区均占总体用电量的 7%，与占总用电量 8% 的丰台区差别不大；大兴区、通州区、房山区用电量占全社会用电量的 6%；最少的是延庆县和门头沟区，占全社会用电量的 1% 左右，如图 5-7 所示。

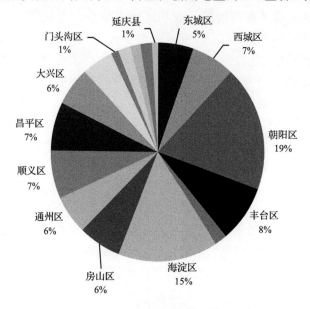

图 5-7　北京市分地区电力消费占比（2013 年）

数据来源：北京市统计局（2014）

　　北京市地区生产总值和常住人口数量都对电力消费有一定的影响，减少不必要的电耗浪费，是实现北京市电力低碳发展的有效路径。为实现这一目标，首先，需要电力部门从科学规划电网入手，优化网架结构，努力降低线路损耗；加强有序用电，增加低谷用电，提高用电负荷率；改变电源结构，大力发展新能源发电。其次，要从执行差别电价入手，遏制高能耗产业，积极开展节电的宣传教育活动，提高全民的节电意识和节约型消费理念。

5.2　北京市电力消费与经济发展的关系

　　在中共北京市委第十届七次全会上提出的北京建设世界城市的发展目标，得到了北京市社会各界的肯定和认同。作为与纽约、伦敦、东京等城市并列的世界城市，北京市与它们相比还存在多方面的差距，产业结构就是一个最明显的问题，虽然目前北京市的第三产业比例超过了第二产业，但是未来北京市的产业结构仍有优化、调整的空间，尤其是现阶段高级生产者服务业的比例偏低。作为一个世界城市，北京市的生态环境与环境质量是非常重要的，大力发展低碳经济是北京市的必然选择。

5.2.1　电力消费与经济增长相辅相成

电力消费需求与区域经济存在密切的内生联系，多数研究都从区域层面研究了电力消费的决定因素，林伯强（2003）在三要素生产函数框架下，应用协整分析和误差修正模型研究了中国电力消费与经济增长之间的关系，认为中国的电力消费与经济增长具有内生性，并且这两个变量是互相联系的，而 GDP、资本、人力资本及电力消费之间存在长期协整关系。何晓萍等（2009）预测中国电力需求时引入城市化、工业化两个重要因素，应用面板数据非线性模型和协整模型从两个侧面对中国电力需求进行了对比研究和预测，认为城市化、工业化共同推动了中国电力需求的快速增长。

1）电力消费推动生产力的提高

19 世纪 70 年代，第二次工业化以电力的发明和应用为主要标志，人类的生产和生活也因此发生了重大的改变。电力的使用，在一定程度上促进了劳动生产力的提高。当今社会的生产活动，机械化和工业化的程度非常高，很多活动依靠单纯的劳动很难完成，必须借助机器才能完成，而这些机器很大一部分都是依靠电力能源来工作的。电力的广泛使用提高了社会机械化与工业化的程度，降低了劳动成本，提高了生产效率。

2）电力消费推动技术进步

从电力的发明应用至今，人类的大部分发明创造都与电力息息相关，这种关联可以概括为两个方面：第一，围绕电力应用方面的发明创造，如洗衣机、计算机、机械设备及新能源汽车中的燃料电池汽车；第二，围绕电力开发方面的技术进步，如智能电网的建设，智能电网是将先进的信息通信技术、分析决策技术、传感测量技术、能源电力技术和自动控制技术相结合，并同电网基础设施高度集成而形成的现代化新型电网。因此，在消费电力资源的同时必然促进技术进步产生需求。

3）电力消费提高人们生活水平

在当今高度发达文明的社会中，电力消费总量的提高不断推动人类社会的进步。在社会生产过程中，电力消费作为一种普遍的要素投入被投入工农业的生产中，丰富了人们的物质生活水平。在日常生活中，人们的衣食住行也是在电力的使用中有序进行的。电力消费水平在一定程度上反映了人们的生活水平。

4）经济增长带动电力消费

经济增长通常定义为产量的增加，这种产量增加反映了一个国家或地区的生产能力，也从侧面反映人民的生活水平。电力已经与人们生产、生活紧密地联系在一起，为各行业提供生产必要的动力支持和为人民生活带来便利，已经成为经济和社会发展的重要动力。随着经济增长速度的加快，电力的需求量必将不断增加。一般来说，一个国家或地区的用电量增长率与生产总值增长率的变化趋势基本呈正相关关系。当经济增长速度加快的时候，用电量的增长速度也随之提高；当经济增长速度放缓时，用电量的增长速度也随之下降，而且用电量变化的弹性更大。

5）经济增长为电力消费提供技术支持

经济的快速发展需要电力的稳定供应作为保障，相应地，在经济快速发展的同时也要为稳定电力供应提供技术方面的支持。在中国，电力供需矛盾在不同的时间和空间依然存在，电源与电网的协调、电价改革、煤电衔接等仍是行业发展需要进一步解决的问题。保持经济增长需要解决这些电力供需之间的难题，需要为保障电力供应提供技术支持。

6）经济增长提高电力消费质量

目前，中国的经济增长依然处于低效益、粗放式增长的状态，是在牺牲能源与资源利用效率的前提下取得的。在当前全球能源与资源紧缺的形势下，想要保持经济的可持续发展，必然要提高能源与资源的利用效率。

5.2.2　产业人均收入是影响电力消费的主要因素

北京市在节能减排、应对气候变化、开展碳排放权交易试点工作等方面，走在了全国前列。北京市作为中国最具有典型意义的城市，承担着对外宣传中国形象的责任，吸引着全国各地甚至全球的优秀人才前往，在包容人才的同时也促进着自身的经济发展。到 2014 年，北京市地区生产总值已经达到 21330.8 亿元，第一产值占比 0.74%，第二产值占比 21.31%，第三产值达到 77.95%。

据数据显示，北京市 GDP 产值的增长，主要得益于第三产业的飞速发展。在地理条件和历史因素的影响下，北京的农业、工业并不是支柱性产业。北京市在 2000 年第三产业的产值为 2055.1 亿元人民币，到了 2014 年其产值达到 16627 亿元人民币，相比 2000 年，增长了 709%，平均每年增长了 47.27%，在带来数量可观产值的同时，也存在着为数不少的能源需求，因此碳排放情况也不容乐观（图 5-8）。

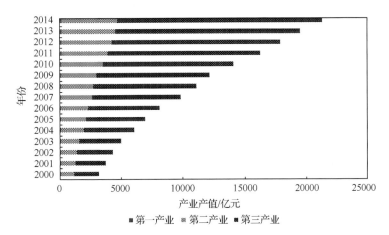

图 5-8　北京市分产业产值（2000～2014 年）

数据来源：北京市统计局（2001～2015）

2000 年之后，北京市能源消费产业结构调整工作效果明显，能源消费产业分布情况发生了明显变化。第二产业能耗比例由 2000 年的 58.51% 下降到 2013 年的 32.66%，其中 2000～2008 年第二产业能耗占比下跌速度较快，2008 年之后降速较平缓。第三产业能耗比例由 2000 年的 26.08% 上升到 2013 年的 46.54%。北京市能源消费已经从第二产业占绝对主导地位，改变成第二、第三产业共同主导能源消费，甚至第三产业的影响力更大的现状。相比之下，第一产业和生活用能消耗情况较稳定，随着北京人口规模的快速增长，生活用能消费比例有所增长，但增幅较小。

北京市三大产业从业人数主要是第三产业变化较大，从 2002 年起，北京市第三产业的从业人员大幅度增长，2002 年第三产业从业人员达 376.3 万人，2004 年增至 559.8 万人，增长 48.8%，随后保持每年约 6.3% 的速度增长，到 2014 年已达到 894.4 万人。相比之下，第一产业和第二产业的从业人数相对稳定，基本上保持平稳，2014 年从业人员分别为 52.4 万人和 209.9 万人，较 2000 年，第一产业从业人数下降了 28.12%，而第二产业则基本保持不变（图 5-9）。从电力消费情况来看，北京市第一产业电力消费水平较平稳，相比之下，第二产业和第三产业增长较快。北京市第二产业电力消费量自 2000 年以来不断增加，到 2007 年已突破 300 亿千瓦时。2010 年以后，第二产业的电力消费量趋于稳定。第三产业电力消费量一直处于增长状态，从 2000 年的 106.43 亿千瓦时增加到 2014 年的 424.88 亿千瓦时，平均每年增加 21.23 亿千瓦时，这与产业的高速发展是密不可分的（图 5-10）。

北京市的电力消费情况，主要与产业结构、产业产值和产业从业人员规模有关。

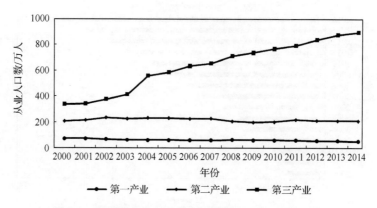

图 5-9　北京市分产业从业人员变化（2000～2014 年）
数据来源：北京市统计局（2001～2015）

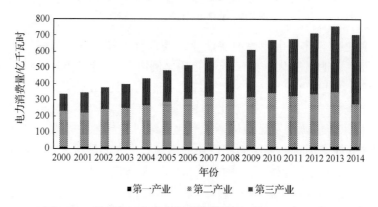

图 5-10　北京市三大产业电力消费情况（2000～2014 年）
数据来源：北京市统计局（2001～2015）

（1）产业结构。产业结构类型的不同，可导致对电力等能源的使用效率不同。同时，不同的产业所使用的产业工具不尽相同，对于电力的基本需求也存在差异。

（2）产业产值。产业产值作为产业产出的衡量标准，可以反映在同等人口规模下，产值产出的效率。

（3）产业从业人员。产业人员是判定产业发展是否旺盛的重要指标，产业人员规模可以衡量出产业人均收入，对产业的发展前景具有一定的参考价值。

结合上述变量，可以得到北京市用电部门电力消费分解模型：

$$E = \sum_{i=1}^{3} E_i = \sum_{i=1}^{3} \frac{E_i}{\mathrm{GDP}_i} \frac{\mathrm{GDP}_i}{P_i} P_i = \sum_{i=1}^{3} C_i R_i I_i \tag{5-1}$$

其中，E 代表电力消费量，单位为亿千瓦时；E_i 表示第 i 个部门的电力消费量，$i =$

1,2,3 分别代表第一产业、第二产业、第三产业；GDP_i 代表第 i 个部门的产值；P_i 代表第 i 个部门的登记从业人员；$C_i = \dfrac{E_i}{GDP_i}$ 为产业电耗；$R_i = \dfrac{GDP_i}{P_i}$ 为产业人均收入；$I_i = P_i$ 为从业人员规模。

利用公式（5-1），进行 LMDI 分解，得到如图 5-11 所示的结果。

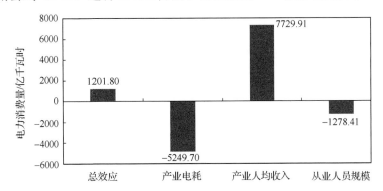

图 5-11　北京市用电部门电力消费影响因素分析（2000～2014 年）

数据来源：著者整理得到

2000～2014 年，北京市电力消费明显增加，相比于 2000 年，2014 年用电量增加 367.43 亿千瓦时，增长幅度达 109.1%，产业人均收入的变化致使总用电量处于增长趋势，而产业电耗的变化使用电量处于降低趋势。总体来看，两者相结合的影响使得总用电量呈现增加的趋势。相比而言，从业人员规模的变化带来的影响不如产业电耗和产业人均收入的影响大。不同因素对北京市电力消费情况的影响如表 5-2 和图 5-12 所示。

表 5-2　不同因素对北京市电力消费情况的影响（2000～2014 年）

（单位：亿千瓦时）

年份	总效应	产业电耗	产业人均收入	从业人员规模
2000～2001	63.77	−552.72	561.71	54.78
2001～2002	54.11	−185.14	197.50	41.75
2002～2003	93.33	−592.45	838.31	−152.53
2003～2004	−583.75	−607.85	373.66	−349.56
2004～2005	419.84	−61.59	559.68	−78.25
2005～2006	121.88	−280.50	563.67	−161.29
2006～2007	336.67	−492.41	858.42	−29.35
2007～2008	−98.16	−404.45	616.37	−310.09
2008～2009	268.15	−143.77	533.48	−121.56

续表

年份	总效应	产业电耗	产业人均收入	从业人员规模
2009~2010	386.37	−383.76	805.93	−35.80
2010~2011	−171.69	−757.90	488.55	97.66
2011~2012	105.53	−251.11	483.40	−126.75
2012~2013	192.31	−144.59	411.18	−74.28
2013~2014	13.44	−391.47	438.04	−33.14

数据来源：北京市统计局（2001~2015）及著者整理得到

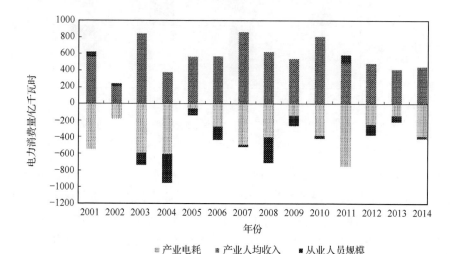

图 5-12　不同因素对北京市电力消费情况的影响（2000~2014 年）
数据来源：北京市统计局（2001~2015）及著者整理得到

产业人均收入一直是电力消费量增加的主要因素，尤其是 2002~2003 年、2006~2007 年及 2009~2010 年，产业人均收入的增加，分别使得电力消费量增加 838.31 亿千瓦时、858.42 亿千瓦时、805.93 亿千瓦时；而产业电耗是电力消费量降低的主要因素，2010~2011 年，促使电力消费量降低了 757.9 亿千瓦时；从业人员规模的变化，对电力消费量的影响不大，除了 2000~2001 年、2001~2002 年及 2010~2011 年，都对电力消费量的减少产生正面影响。这也说明，北京市在经济高速发展的同时，从业人员结构和规模发生了巨大的变化。

5.3　北京市电力部门碳排放情况及影响因素

中国的经济、文化发展水平在各区域间有很大差异。电力消费与社会生活、经济发展紧密联系，因此在各区域之间也有很大的差异。

　　中国大部分省份的电力消费需求与其资源禀赋结构是互相矛盾的。由于中国是煤炭资源大国，全国80%以上的电力都由煤炭转化而来。然而，煤炭资源在各省份间的分布却与各省份电力消费需求极不匹配。中国的电力消费需求主要在广东、江苏、山东和浙江等东部沿海地区，而煤炭资源则主要分布在内蒙古、山西、陕西等中西部省份。这种资源禀赋与电力消费需求之间的矛盾导致全国范围内远距离和高强度的电力资源转移。因此，无论是运煤还是输电都无法彻底解决区域之间的电力消费需求与资源结构的矛盾，这种矛盾最终表现为省际的窝电与电荒共存的电力供需矛盾。

5.3.1　北京市火力发电碳排放先增后减

　　在中国，电力行业消费的煤炭占全国的50%以上，产生的二氧化碳排放超过40%。电力部门是最大的碳排放部门，其碳排放结果估算的准确性直接影响到全国温室气体清单的不确定性水平，其未来碳排放的变化对全国减排目标的完成具有重要的影响。关于中国电力行业的温室气体排放，已有不少学者围绕清单编制方法、历史排放估算、主要影响因子和未来潜力分析进行了研究。师华定等（2010）通过比较主要发达国家的温室气体清单编制方法，分析了编制电力行业清单的基本原则，结合我国电力行业特点和温室气体清单编制目标、尺度、方法等，认为我国电力行业温室气体清单编制方法的基本原则应该以 IPCC 推荐的详细技术为基础的第二类方法为主，更精确的第三类方法为辅；金艳鸣（2011）利用 IPCC 温室气体清单指南中提供的方法，测算分析了 2006～2008 年中国火电行业的平均碳排放量，认为未来电力行业的碳排放空间分布更多地受增量火电装机布局的影响；吴晓蔚等（2010）利用实测的温室气体排放因子及 2007 年火电行业活动水平数据，计算了火电行业温室气体排放量，认为利用国家级能源统计数据直接计算的排放量与 IPCC 方法计算的结果相差不大。

　　电力生产的碳排放主要产生在火力发电过程中，很大一部分程度是在化石燃料的燃烧上，能源中的大量碳元素经过燃烧后生成二氧化碳排放到大气中，对环境造成影响。火力发电碳排放计算公式如下：

　　二氧化碳排放量＝［燃料消费量（热量单位）×单位热值燃料含碳量］×燃料燃烧过程中的碳氧化率

即

$$C = \sum_{i=1}^{n} M_i Q_i \eta_i \qquad (5\text{-}2)$$

其中，C 为二氧化碳排放量；M_i 是第 i 种燃料的消费量，单位为千克；Q_i 是第 i 种燃料的单位热值燃料含碳量，单位为千克碳/太焦；η_i 是第 i 种燃料在发电锅炉中燃烧过程的实际碳氧化率，单位为%。

计算步骤如下。

(1) 估算燃料消费量。

燃料消费量 ＝ 生产量＋进口量－出口量－国际航海／航空加油－库存变化

(2) 折算成统一的热量单位。

燃料消费量(热量单位) ＝ 燃料消费量×平均低位发热量

(3) 估算燃料中总的碳含量。

燃料含碳量 ＝ 燃料消费量(热量单位)×单位燃料含碳量(燃料的单位热值含碳量)

(4) 计算实际碳排放量。

实际碳排放量 ＝ 燃料含碳量×燃料燃烧过程中的碳氧化率

所需数据如表 5-3 所示。

表 5-3　能源折算相关系数

能源	折算标准煤系数单位	折算标准煤系数	平均低位发热量/(千焦/千克)	单位燃料含碳量/(千克/吉焦)
原煤	千克标准煤/千克	0.7143	20907.56	25.80
其他洗煤	千克标准煤/千克	0.2850	8341.95	25.41
型煤	千克标准煤/千克	0.6000	17562.00	33.56
焦炭	千克标准煤/千克	0.9714	28432.88	29.42
焦炉煤气	千克标准煤/米³	0.6143	17980.56	13.58
高炉煤气	千克标准煤/米³	1.2860	37641.22	15.30
其他煤气	千克标准煤/米³	0.3570	10449.68	12.20
其他焦化产品	千克标准煤/千克	1.3000	38051.00	29.50
油品合计	千克标准煤/千克	1.4000	40978.00	20.00
原油	千克标准煤/千克	1.4286	41815.12	20.08
柴油	千克标准煤/千克	1.4571	42649.32	20.20
燃料油	千克标准煤/千克	1.4286	41815.12	21.10
石油沥青	千克标准煤/千克	1.3307	38949.59	22.00
石油焦	千克标准煤/千克	1.0918	31956.99	26.60
液化石油气	千克标准煤/千克	1.7130	50139.51	17.20
炼厂干气	千克标准煤/千克	1.5714	45994.88	18.20
其他石油制品	千克标准煤/千克	1.2000	35124.00	20.00
天然气	千克标准煤/米³	1.3330	39016.91	15.32
其他能源	—	1.0000	29270.00	25.80

数据来源：国家统计局 (2015)、IPCC (2007)

相应地，电力生产过程中二氧化碳的排放系数公式为

$$c = \frac{C}{E} \tag{5-3}$$

其中，c 为二氧化碳排放系数，单位为千克/千瓦时；C 为二氧化碳排放量，单位为千克；E 为火力发电所产生的电力，单位为千瓦时。

将数据代入公式（5-3）计算，可以得出如图 5-13 所示的结果。

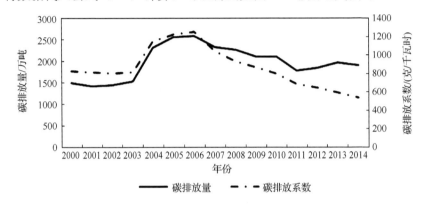

图 5-13　北京市电力生产部门碳排放量和碳排放系数（2000～2014 年）
数据来源：国家统计局（2001～2015）及著者整理得到

由图 5-13 可以看出，2000～2014 年北京市电力生产部门的碳排放量在 1400 万～2600 万吨变化，2003～2005 年经历了大幅度的增长，于 2005 年达到了 2555.56 万吨，此后每年的碳排放总量一直在 2600 万吨以下，呈现缓慢下降趋势，到 2014 年电力生产部门二氧化碳排放量为 1910.15 万吨。北京市火力发电的碳排放系数在 2006 年达到了波峰，为 1254.46 克二氧化碳/千瓦时，此后碳排放系数就开始逐年减少，到 2014 年已减少至 539.52 克二氧化碳/千瓦时，与 2006 年的最大值相比，下降了 56.99%。

5.3.2　生产角度碳排放主要受能源强度效应影响

影响电力行业碳排放的因素有很多，主要的影响因素有以下六个。

（1）能源的碳排放系数。能源碳排放系数是指单位燃料完全燃烧所释放二氧化碳排放量，单位为吨二氧化碳/吨标准煤。煤炭的碳排放系数要比其他能源高，中国以煤电为主的火电结构，导致火电的碳排放系数远高于其他发展中国家。

（2）发电能源结构。发电能源结构既包括化石能源发电与清洁能源发电的比例结构，也包括火力发电中各种化石能源消耗的比例结构。中国电源结构以火电为主，清洁能源发电装机比例不到 30%，而煤电是火电的主体，占 95% 以上。为实现低碳发展，需要加大对风能、核能及太阳能等清洁能源发电的开发力度，

用清洁能源发电来替代煤炭发电，促进电力结构从"高碳"向"低碳"转变。同时，调整火电行业能源结构，积极发展天然气发电，限制发展燃煤发电，逐步淘汰燃油发电，促进火电行业燃料结构的优化。

（3）发电能源强度。发电能源强度是指单位发电量的能源消费量，用一定时间内发电所消耗能源总量与期间的发电量的比值来表示。发电能源强度往往作为反映电力行业二氧化碳排放强度最重要的因素。能源强度降低意味着能效在上升，单位发电量能耗更小，从而节约能源，减少碳排放。反之，则会使电力行业碳排放量增加。

（4）发用电比例。发用电比例是指某个地区在一段时间内电力生产量与电力消费量之比，即发电量与用电量之比。如果一个地区的电力需求能够自给自足，不需要从其他省市调入电力，那么该地区发用电比例的增高可以反映出其电厂自用电率和电网中线损率在降低。然而，由于中国各个省份之间电力生产量和电力需求量差别很大，电力需求量大的省份常常需要从其他省份调入电力，因此电网之间、省份之间的电力调度在中国非常普遍。发用电比例的变化往往能反映出一个地区的二氧化碳减排绩效。

（5）电耗强度。电耗强度是指电力行业单位工业增加值的电力消费量，用电力消费量与工业增加值的比值来表示。单位工业增加值电耗强度用来表示工业经济增长与电力消费增长的相关关系。中国也采取了许多措施来抑制电力行业电耗强度的增长，包括降低电厂厂用电率、增加电力服务多样性、进行需求侧管理、推行差别电价及推广节能高效电器产品等，在促进电力行业经济发展的同时降低电力消费量。

（6）产业结构。产业结构是指各省份电力工业增加值在全国电力工业增加值中的比例，用来衡量电源布局情况。中国电源基地大多分布在西部、北部、西北部和西南部，而电力负荷中心则分布在东部沿海一带。电力工业增加值往往随着发电量的增加而增长，以煤电为主的火力发电结构会使中国电力行业碳排放强度上升。

本节对电力生产部门碳排放系数进行 LMDI 分解。为了深入分析北京市电力部门的碳排放影响因素，考虑到数据的可得性，从电力生产角度来看，电力的碳排放系数可以分解为不同发电燃料的碳排放系数、不同电力构成的能源消耗和电力构成。分解公式如下：

$$C = \sum_i C_{it} = \sum_i \frac{C_{it}}{E_{it}} \cdot \frac{E_{it}}{E_t} \cdot \frac{E_t}{Q_t} \cdot Q_t \tag{5-4}$$

其中，C 表示电力生产过程中碳排放总量；E_t 表示 t 年的所有能源消费量；Q_t 表示 t 年的发电量；C_{it} 表示 t 年燃料 i 发电过程中的碳排放；E_{it} 表示用于发电的燃料 i 的消费量。

若令

$$e_{it} = \frac{C_{it}}{E_{it}}, r_{it} = \frac{E_{it}}{E_t}, s_t = \frac{E_t}{Q_t}, g_t = Q_t \qquad (5-5)$$

那么 e_{it} 表示不同能源排放强度，代表能源排放强度效应；r_{it} 表示不同能源占总能源消费比例，代表能源结构效应；s_t 表示能源强度效应；g_t 表示产出规模效应。

整理后可得电力生产碳排放模型：

$$C = \sum_i e_{it} \cdot r_{it} \cdot s_t \cdot g_t \qquad (5-6)$$

利用 LMDI 加法分解方法对式（5-6）的模型进行因素分解，令基期 t 的碳排放为 C_t，$t+1$ 期为 C_{t+1}，则差分可分为

$$\Delta C_{\text{tot}} = C_{t+1} - C_t = \Delta C_{ei} + \Delta C_{ri} + \Delta C_s + \Delta C_g \qquad (5-7)$$

其中，ΔC_{ei} 表示能源排放强度效应引起的碳排放变化；ΔC_{ri} 表示能源结构效应引起的碳排放变化；ΔC_s 表示能源强度效应引起的碳排放变化；ΔC_g 表示产出规模效应引起的碳排放变化。那么各分解因子的 LMDI 的效应公式为

$$\Delta C_{ei} = \sum_i \frac{C_i^{t+1} - C_i^t}{\ln C_i^{t+1} - \ln C_i^t} \cdot \ln \frac{e^{i(t+1)}}{e^{it}} \qquad (5-8)$$

$$\Delta C_{ri} = \sum_i \frac{C_i^{t+1} - C_i^t}{\ln C_i^{t+1} - \ln C_i^t} \cdot \ln \frac{r^{i(t+1)}}{r^{it}} \qquad (5-9)$$

$$\Delta C_s = \sum_i \frac{C_i^{t+1} - C_i^t}{\ln C_i^{t+1} - \ln C_i^t} \cdot \ln \frac{s^{i(t+1)}}{s^{it}} \qquad (5-10)$$

$$\Delta C_g = \sum_i \frac{C_i^{t+1} - C_i^t}{\ln C_i^{t+1} - \ln C_i^t} \cdot \ln \frac{g^{i(t+1)}}{g^{it}} \qquad (5-11)$$

通过能源消耗计算得到 2000～2014 年北京市电力生产部门的碳排放情况，对计算得到的碳排放进行分类，根据上述公式进行 LMDI 分解，计算出各个效应的结果如图 5-14 和表 5-4 所示。

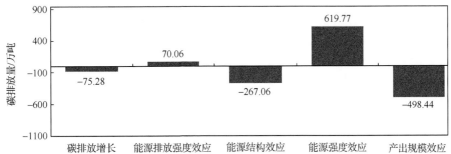

图 5-14　北京市不同因素对电力生产碳排放的影响（2000～2014 年）

数据来源：国家统计局（2001～2015）及著者整理得到

表 5-4　不同因素对电力生产碳排放的影响（2000～2014 年）

（单位：万吨）

年份	碳排放增长	能源排放强度效应	能源结构效应	能源强度效应	产出规模效应
2000～2001	−72.67	−74.33	3.06	−51.63	50.22
2001～2002	23.56	45.59	−34.86	47.08	−34.10
2002～2003	85.55	23.55	−26.70	64.13	23.99
2003～2004	774.58	102.67	40.83	113.78	517.30
2004～2005	−444.16	−82.05	−37.67	91.50	−415.94
2005～2006	−194.30	−27.96	4.55	−1.26	−169.64
2006～2007	204.10	75.51	2.18	118.91	7.51
2007～2008	−15.36	5.13	12.52	162.21	−195.21
2008～2009	−241.82	−9.88	−4.06	−20.24	−207.64
2009～2010	72.49	−109.08	−32.87	136.35	78.09
2010～2011	−289.09	134.15	−5.44	−35.85	−381.94
2011～2012	−45.66	−2.63	−7.50	139.57	−175.10
2012～2013	123.49	−7.86	−71.28	−59.17	261.79
2013～2014	−55.99	−2.75	−109.82	−85.61	142.23

数据来源：国家统计局（2001～2015）及著者整理得到

电力生产的碳排放系数分解结果表明：相比于 2000 年，2014 年北京市电力生产的碳排放减少了 75.28 万吨，下降 4.83%，主要是产出规模下降引起的。发电产出规模效应的下降，使得碳排放降低了 498.44 万吨，但能源排放强度效应和能源强度效应的变化，均不利于电力碳排放的下降，两者分别使北京市火力发电碳排放增加了 70.06 万吨和 619.77 万吨，其中能源强度效应的增加是阻碍电力生产碳排放下降的最主要因素，抵消了部分产出规模变化带来碳排放下降的影响。能源结构效应的变化对电力部门二氧化碳减排呈现正面影响，由于它的增加，碳排放降低了 267.06 万吨。

从 2000～2014 年每年电力生产的碳排放变化情况来看，能源强度效应和产出规模效应在一定程度上影响了总体的变化。如表 5-4 所示，2000～2001 年电力生产碳排放变化主要受能源排放强度效应的影响；2001～2002 年、2002～2003 年、2006～2007 年、2009～2010 年能源强度的增加分别使得电力生产的碳排放增加了 47.08 万吨二氧化碳、64.13 万吨二氧化碳、118.91 万吨二氧化碳、136.35 万吨二氧化碳；但是受到其他因素的影响，最终的二氧化碳排放量增加了 23.56 万吨、85.55 万吨、204.1 万吨、72.49 万吨。2003～2004 年、2012～2013 年的产出规模效应的变化是其碳排放增长的主要影响因素。

从图 5-15 可以看出，产出规模效应的变化是影响北京市电力生产的碳排放降低的主要因素，而能源强度效应是增加碳排放的主要原因。

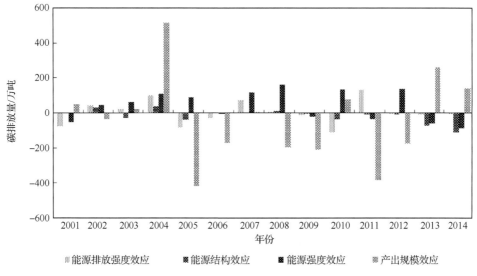

图 5-15　不同因素对电力生产碳排放的影响（2000～2014 年）

数据来源：国家统计局（2001～2015）及著者整理得到

结合上述分析，要降低电力生产的碳排放，首先要降低能源强度效应，即降低火电发电比例，加大水力发电比例及外省清洁能源所产生电力的调入，否则，能源强度对碳排放的影响将会被能源结构效应所减弱，甚至被完全抵消。

5.3.3　消费角度碳排放主要受火力发电能源消耗影响

国民经济快速增长，带来电力消费量的大幅增长。从电力消费的角度来看，单位电量消费的碳排放受电力的终端消费情况、发电能耗、发电燃料构成、火电份额，以及发电过程的电力消费、输配电损失等主要因素的影响。从电力消费角度，可建立如下 LMDI 模型：

$$\frac{E_t}{C_t} = \frac{E_t}{G_{\text{thermal},t}} \frac{G_{\text{thermal},t}}{G_{\text{power},t}} \frac{G_{\text{power},t}}{G_{\text{net},t}} \frac{G_{\text{net},t}}{C_t} \tag{5-12}$$

$$\frac{E_t}{G_{\text{thermal},t}} = \sum_i c_{i,t} \frac{F_{i,t}}{\sum_i F_{i,t}} \frac{\sum_i F_{i,t}}{G_{\text{thermal},t}} \tag{5-13}$$

其中，E_t 表示发电过程中的碳排放；C_t 表示电力消费；$G_{\text{thermal},t}$ 表示全部的火力发电；$C_{\text{power},t}$ 表示全部发电量；$G_{\text{net},t}$ 表示净发电量，即全部的发电量减去发电过程中

的电力消费；$c_{i,t}$ 表示燃料 i 的碳排放系数，因此，

$$e_t = \sum_i c_{f,t} \cdot gm_t \cdot aux_t \cdot sm_t \tag{5-14}$$

其中，$\dfrac{E}{C} = e$，表示电力消费的碳排放系数；$\dfrac{E_t}{G_{thermal,t}} = c_{f,t}$ 表示火力发电能耗的影响；$\dfrac{G_{power,t}}{G_{net,t}} = aux$ 表示发电厂自用电消费的影响；$\dfrac{G_{thermal,t}}{G_{power,t}} = gm$ 表示火电份额的影响；$\dfrac{G_{net}}{C} = sm$ 表示配输电损失的影响。具体各因素对电力消费碳排放的影响见图 5-16、表 5-5 和图 5-17。

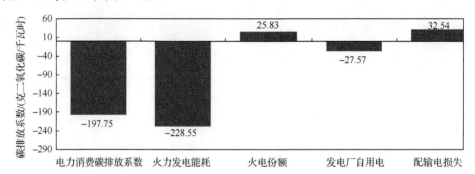

图 5-16　北京市不同因素对电力消费碳排放的影响（2001～2013 年）
数据来源：国家统计局能源统计司（2015）、中国电力年鉴网（2015）及著者整理得到

表 5-5　不同因素对电力消费碳排放的影响（2001～2013 年）

（单位：克二氧化碳/千瓦时）

年份	总效应	火力发电能耗	火电份额	发电厂自用电	配输电损失
2001～2002	−8.62	145.36	−153.98	−3.87	3.88
2002～2003	55.88	−37.86	−18.02	−2.95	2.95
2003～2004	−30.92	−249.04	218.11	3.49	−3.49
2004～2005	36.89	78.40	−41.50	−1.20	1.20
2005～2006	6.03	18.31	−12.28	−2.45	2.45
2006～2007	−45.57	55.44	−101.02	−1.20	1.20
2007～2008	5.21	−35.80	41.01	−4.06	4.06
2008～2009	−4.46	−20.28	15.82	−6.27	6.27
2009～2010	−137.15	−45.80	−91.35	−3.72	3.72
2010～2011	−8.69	−66.42	57.73	−3.15	3.15
2011～2012	−11.29	61.03	−72.31	−3.54	3.54
2012～2013	56.70	−131.89	183.62	1.35	3.61

数据来源：中国电力年鉴网（2015）及著者整理得到

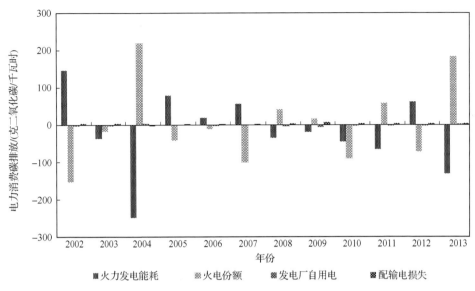

图 5-17　不同因素对电力消费碳排放的影响（2001~2013 年）

数据来源：中国电力年鉴网（2015）及著者整理得到

与 2001 年相比，2013 年北京市电力消费碳排放系数降低了 197.75 克二氧化碳/千瓦时。其中火力发电能耗的降低是电力消费碳排放系数降低的主要原因。火力发电的能耗变化使其下降了 228.55 克二氧化碳/千瓦时。再者，发电厂自用电的碳排放系数降低，也使其下降了 27.57 克二氧化碳/千瓦时，在两者的共同作用下，不仅抵消了火电份额和输配电损失带来的单位碳排放量的增加，还使总的电力消费碳排放系数降低。

2001~2013 年电力消费碳排放系数的变化主要是由火力发电能耗和火电份额的变化所引起的，2002~2003 年、2003~2004 年、2004~2005 年、2005~2006 年、2008~2009 年、2010~2011 年及 2012~2013 年的火力发电能耗的变化占了很大一部分。其中 2004~2005 年、2005~2006 年的发电能耗的增加使得碳排放系数增加了 78.40 克二氧化碳/千瓦时、18.31 克二氧化碳/千瓦时，同时受到了火电份额、发电厂自用电、配输电损失变化的影响，最终导致碳排放系数增加了 36.89 克二氧化碳/千瓦时、6.03 克二氧化碳/千瓦时；其余的年份火力发电能耗的变化导致碳排放系数减少了 37.86 克二氧化碳/千瓦时、249.04 克二氧化碳/千瓦时、20.28 克二氧化碳/千瓦时、66.42 克二氧化碳/千瓦时。2001~2002 年、2006~2007 年、2009~2010 年、2011~2012 年火电份额的变化使得碳排放系数降低了 153.98 克二氧化碳/千瓦时、101.02 克二氧化碳/千瓦时、91.35 克二氧化碳/千瓦时、72.31 克二氧化碳/千瓦时（表 5-5）。

必须指出的是，发电厂自用电的变化，对碳排放系数的影响较小，但是能在较小程度上降低碳排放系数，说明目前发电厂的自用电率的趋势有利于碳排放系数的降低。同时配输电损失在 2001～2013 年对碳排放系数都呈现增加的影响，说明配输电损失的变化趋势不利于碳排放系数的降低。

综上所述，北京市作为政治、文化中心，由于地理条件及资源禀赋的特点，发电结构以火电为主。煤炭是火电生产的主要能源，其燃烧会产生大量温室气体，要降低电力生产的碳排放，首先，要提高发电技术、降低能源强度效应，调整能源结构，减少煤炭的使用，使用热值高、含碳量低的燃料替代原煤。其次，需要加大对绿色电能的布局，大力发展风电、水电、核电、太阳能发电及海洋能、生物质能等新能源和可再生能源发电，降低火电规模，从而减少碳排放。

第6章 居民消费对能源消费及二氧化碳排放的影响

居民消费是最终消费的一个重要组成部分。居民生活带来的能源消费及二氧化碳排放在能源消费及二氧化碳排放领域中，是不可或缺的部分。随着经济的持续快速发展，居民生活水平不断提高，由此带来对日常用品消费不断增加。居民在消费这些用品的过程中，势必消耗一定的能源。此外，生产和制造这些产品的过程中也需要大量能源作为支撑，这些被消耗的能源也视为居民消费引致的能源消费。为了探究居民消费对能源消费及二氧化碳排放的影响，本章选取北京市居民为研究对象，选取2005～2014年为研究时间段，采用CLA（consumer lifestyle approach）探讨北京市居民的能源消费量及二氧化碳排放量情况，并通过具体分析，为相关部门制定居民消费领域的节能减排政策提供参考建议。本章主要研究以下问题：

- 北京市城镇和农村居民的能源消费情况
- 北京市城镇和农村居民的二氧化碳排放情况
- 不同收入阶层居民的能源消费及二氧化碳排放情况
- 影响居民二氧化碳排放的主要因素

6.1　居民消费对能源消费及二氧化碳排放的影响研究

居民消费是最终消费的一个重要组成部分（魏一鸣等，2008），居民生活的正常运行离不开能源的支持。在全球环境问题日益突出的背景下，居民消费领域的能源消费及二氧化碳排放成为众多科研人员的研究焦点。研究发现，居民消费产生的能源消费量占能源消费总量的比例为 45%～55%（Schipper et al.，1989）。另外，中国的家庭能源需求和二氧化碳排放目前分别约占全国总量的26% 和 30%（张虎彪，2014）。《北京市"十二五"时期节能降耗及应对气候变化规划》明确指出，北京市能源消费特点发生重大变化，至 2008 年，第三产业能耗和居民生活能耗成为新的能耗重点领域，这两个领域的能耗在全市总能耗中的占比已超过 60%。因此在经济发展和居民生活水平提高的同时，居民消费领域的能源消费及二氧化碳排放也应引起足够的重视。

6.1.1　居民生活与能源消费、碳排放密切相关

居民生活方式及其生活相关的经济活动与能源消费、碳排放密切相关，1992～1996 年，通过研究丹麦居民的二氧化碳排放量，发现直接和间接二氧化碳排放量在不断增加，且由居民直接消费引起的二氧化碳排放量已经超过了间接消费引起的排放量（Munksgaard et al.，2000）。1997～2007 年中国居民领域的完全碳排放量占全国的 52%～63%，其中高收入群体的碳排放量为低收入群体的两倍之多（张咪咪和陈天祥，2010）。美国 80% 的能源消费和碳排放是由居民直接和间接消费引起的（Bin et al.，2005）。1999～2002 年中国居民 26% 的能源消费量和 30% 的二氧化碳排放量是由居民生活方式及与居民生活相关的经济活动引起的，并且城镇居民的间接能源消费量约为直接能源消费量的 2.44 倍，而农村居民的直接能源消费约为间接能源消费的 1.88 倍（Wei et al.，2007）。2000～2007 年中国居民的能源消费总量和二氧化碳排放总量逐年上升，但农村居民的间接能源消费有所下降（张馨等，2011）。2005～2007 年中国城镇居民的间接能源消费和二氧化碳排放水平明显高于直接影响，且收入对能源消费和二氧化碳排放有较大的影响，居民收入水平越高，能源消费量和二氧化碳排放量也越多（Feng et al.，2011）。上海居民消费导致的碳排放量逐年上升，间接能源消费是碳排放的主要来源（吴开亚等，2013）。我国居民的间接碳排放量有逐年增加的趋势，城镇居民的碳排放水平明显高于农村居民（范玲和汪东，2014）。

6.1.2　居民不同消费领域的能源消费及碳排放分析

居民自身的消费结构各异，在不同的消费领域中产生的能源消费与碳排放都

不容忽视。丹麦居民食品消费中 25％的温室气体排放是非二氧化碳气体，且畜牧业是甲烷的主要来源，农业是二氧化氮的主要来源（Kramer et al.，1999）。在电视机的选择和使用方面，对于美国居民而言，科技和服务的发展影响对电视机的选择、电视机的设计及改进严重影响居民的能源密集行为（Crosbie，2008）。对我国省市情况而言，北京市居民食物消费碳足迹约占总碳足迹的 6％，食物的再加工炊事过程产生的碳排放量最大（吴燕等，2012）。西安周边的农村居民主要使用的能源品种为生物质能和煤炭，液化石油气的使用与居民收入水平之间不存在明显相关关系（Tonooka et al.，2006）。不同城市之间由于地域差异，在能源消费和碳排放方面也存在差异。中国 35 个大型城市人口占据总人口的 18％，能源消费和二氧化碳排放占总量的 40％，4 个省会城市的能源强度和碳强度在研究的时间区间内增长了数倍（Dhakal，2009）。在照明用品的使用方面，效率高的照明技术能够带来较高的照明水平，且能源消费和二氧化碳排放水平较低（Mahapatra et al.，2009）。不同家用电器的能源效率存在差异，而家用电器是居民不可或缺的家庭用品，如洗衣机、空调等。为了实现节能减排的目标，相关政府部门会指定相应的减排政策。到 2021 年墨西哥政府能源效率政策的实施能够在居民家用电器使用方面累计节约 22605 吉瓦时，同时能够累计减少二氧化碳排放 15087 百万吨（Rosas-Flores et al.，2011）。在能源消费和碳排放上，城镇和农村居民存在一定差异。农村居民以生物质能和化石能源为主，而城镇居民以化石能源为主（Zhao et al.，2012）。对于居民而言，出行方式的选择对于能源消费和碳排放会产生一定的影响，出行方式中私家车产生的碳排放量最多（陈月霞等，2015）。

6.1.3　居民消费领域能源消费和碳排放量的影响因素分析

随着当今社会环境问题的恶化，节能减排逐渐成为各国追求的发展目标，为制定有效政策，需要对影响能源消费和碳排放量的因素进行具体分析，从居民消费领域的视角，探究能源消费与碳排放的影响因素，以便提出更贴切的改进方法。新西兰和英国的二氧化碳排放水平高于瑞典和挪威。新西兰和英国居民的二氧化碳排放密度随着收入水平的提高而减少，而瑞典和挪威则相反（Kerkhof et al.，2009）。价格改革会带动城镇居民能源消费的减少，而城镇化加快及收入水平提高则会使得城镇居民能源消费水平提高（Zhao et al.，2014）。在居民消费领域，城镇和农村的居民能源消费及碳排放的影响因素存在差异，居民收入和能源强度是影响中国城镇和农村居民二氧化碳排放的主要因素，且人口因素对城镇居民二氧化碳排放产生正向影响，对农村居民二氧化碳排放则产生负向影响（Zha et al.，2010）。香港地区居民数量的增加是引起能源消费增加的第一大影响因素，能源密度的增大是第二大影响因素（Chung et al.，2011）。居民消费总量增加、消费结构变化和城乡比例增大会引起间接能源消费增加，而节能技术的提高则会减少间接能源消费（李艳梅和张雷，2008）。技术水平对意大利居民间接能源消费和二氧化碳排放有较大影响，技术改进和效率提高能够减少居民能源使用和二氧化碳排放，但是终端消费增加带来的能源消费和二氧化碳排放的增加完全可以抵消技术改进和效率提高产生的效应（Cellura et al.，2012）。陕西省人均 GDP 增长是碳排放量增加的最主要原因（韩红珠等，2015）。从长期来看，能源消费是二氧化碳排放的主要原因，而居民收入不是主要原因（Soytas et al.，2007）。综合而言，影响居民消费带来的能源消费与碳排放的因素有居民的收入水平、居民的消费量及结构、城乡比例、节能技术、居民人口数量、人均 GDP、能源消费、能源强度等。

6.2　北京市居民消费及能源消费情况

6.2.1　居民消费支出逐年增加，城镇与农村消费构成存在差异

随着经济的发展，居民生活水平不断提高。2005～2014 年北京市城镇居民的人均可支配收入由 1.77 万元增长到 4.32 万元，增长了 1.44 倍。人均消费性支出由 1.32 万元增长到 2.8 万元，增长了 1.12 倍。北京市农村居民的人均生活消费支出由 0.55 万元增长到 1.45 万元，增长了 1.64 倍。具体分析发现，在城镇和农村居民的八类消费性支出（食品、衣着、居住、家庭设备用品及服务、医疗保健、交通和通信、教育文化娱乐服务、其他商品和服务）中，每一项的消费支出数额均逐年增多。

北京市城镇居民各类消费支出逐年增加，但消费性支出构成方面，食品一直占据较大的比例，基本维持在 30% 左右，其次为交通和通信及教育文化娱乐服务，两者所占比例均在 15% 左右，如图 6-1 所示。

农村居民的消费性支出构成与城镇居民相比有些许差异，其占比最大也是食品支出，其比例较于城镇居民略高，基本维持在 33%，其次为居住消费性支出，其比例的变化较大，2010 年达到最大为 21.77%，之后逐年下降，至 2014 年降至 15.9%。具体如图 6-2 所示。

根据北京市统计局的调查结果，2005～2014 年北京市居民拥有的耐用消费品数量也呈现一定的变化趋势。每百户城镇居民拥有的家庭汽车数量增长最明显，2005 年为 14 辆，到 2013 年增长为 45 辆，增加了 2.21 倍。每百户城镇居民拥有的空调数量整体上也不断增加，到 2014 年增加为 186 台，相比于 2005 年增加了 39 台。另外，每百户城镇居民拥有的家庭计算机数量整体上也呈现上升的趋势，2005 年拥有量为 89 台，到 2013 年达到 114 台，增加了 25 台。在助力

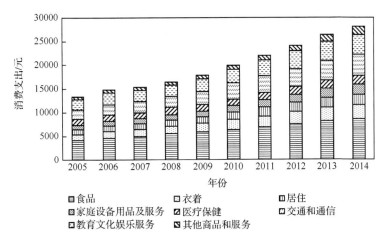

图 6-1　北京市城镇居民人均消费性支出情况（2005～2014 年）

数据来源：国家统计局（2015）及著者整理

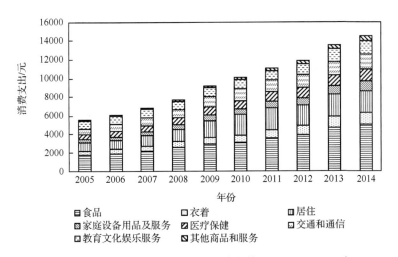

图 6-2　北京市农村居民人均消费性支出情况（2005～2014 年）

数据来源：国家统计局（2015）及著者整理

车方面，每百户城镇居民拥有的数量由 2005 年的 5.1 辆，增加到 2014 年的 12 辆，增加了 1.35 倍。其他的耐用消费品中，摩托车和彩色电视机有一定程度的下降。其中，摩托车的下降较明显，由 2005 年的 6.3 辆，减少为 2014 年的 2 辆。彩色电视机则由 153 台减少为 141 台。剩余的几种耐用消费品的拥有量，虽然也有一定的变化，但是变化幅度相对较小，如电冰箱基本稳定在 103 台等（图 6-3）。

2005～2014 年，北京市每百户农村居民拥有的耐用消费品数量也发生了一定的变化。其中，空调、热水器、家用汽车和计算机的拥有数量明显增加。2005

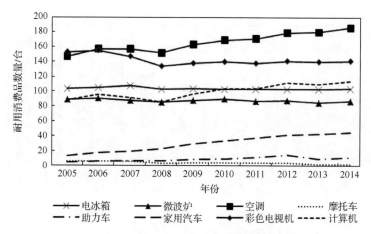

图 6-3　北京市每百户城镇居民拥有耐用消费品情况（2005～2014 年）
数据来源：国家统计局（2015）及著者整理

年，每百户农村居民拥有的微波炉数量为 34 台，2014 年增加至 87 台。空调的数量由 2005 年的 63 台增加至 2014 年的 127 台，增加了 1.02 倍。淋浴热水器的数量由 2005 年的 47 台增加至 2014 年的 96 台，增加了 1.04 倍。另外，家用汽车的数量由 2005 年的 10 辆增加至 2014 年的 35 辆，增加了 2.5 倍。计算机则由 36 台变为 75 台，增加了约 1.08 倍。在所调查的耐用消费品拥有量中，每百户农村居民拥有的摩托车数量逐年递减，2005 年该数量为 40 辆，到 2014 年减少为 11 辆，减少了 72.50%。具体如图 6-4 所示。

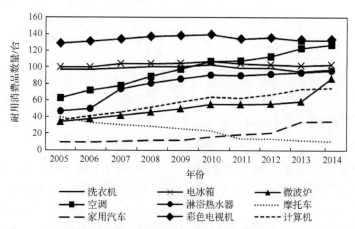

图 6-4　北京市每百户农村居民拥有耐用消费品情况（2005～2014 年）
数据来源：国家统计局（2015）及著者整理

　　居民生活的正常运行需要能源消费的支撑，因此，居民消费性支出的变化对于能源消费势必会产生一些影响。一方面，消费者可以直接利用能源；另一方面，在日常生活中，居民的衣、食、住、行都需要大量的商品支撑，而这些商品的生产、加工都会引起能源的消费。所以，消费者的消费行为对能源消费及二氧化碳排放产生的影响可以分为直接影响和间接影响。鉴于城镇和农村居民生活方式存在一定的差异性，本章分别对城镇和农村居民的能源消费和二氧化碳排放量进行分析。居民消费对能源消费及二氧化碳排放影响的具体途径，如图 6-5 所示。

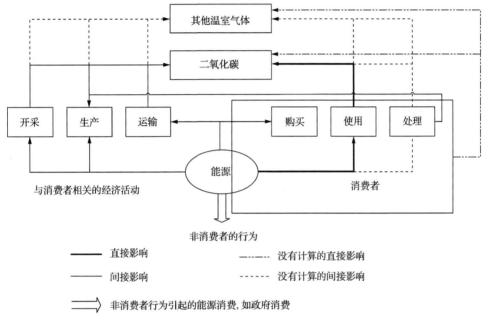

图 6-5　生活行为方式对能源消费及二氧化碳排放的影响

6.2.2　城镇能源消费结构有所改善，农村能源消费仍以化石能源为主

所谓直接能源消费是指居民的家庭能源消费，如炊事、照明等消耗的能源。间接能源消费涉及能源产品之外的其他家庭消费品，如食物、衣着、家具（电）、房屋、休闲娱乐、医疗卫生和教育等（张咪咪和陈天祥，2010）。居民直接能源消费的数据来源于《北京统计年鉴》（北京市统计局，2006～2015）。本章基于《北京统计年鉴》列示的相关数据，分别对北京市城镇居民和农村居民的直接能源消费量进行分析。

1）城镇居民的能源消费结构有所改善

2005～2014 年，城镇居民的煤炭消费量逐年下降，2005 年为 169.72 万吨，2012 年下降至 62.23 万吨，2013 年相比于 2012 年有所增加，为 119.06 万吨，而 2014 年相对于 2013 年又有所减少，为 114.12 万吨，但煤炭在主要能源消费中的占比逐年下降，2005 年为 6.21％，2014 年下降至 2.20％。这主要是由于国家低碳发展相关政策的逐步实施，使居民对高污染能源品种的使用逐渐减少引起的。与煤炭消费的变化趋势相反，城镇居民对汽油的消费量在 2005～2014 年逐年上升，2005 年为 152.14 万吨，2014 年为 418.27 万吨，增长了 1.75 倍。从整体趋势来看，城镇居民对汽油的消费量有所增加。这主要是由于随着经济条件和人民生活质量的提高，人们对汽车的需求量逐年上升引起的。根据《北京统计年鉴》的数据，2009～2014 年北京市城镇居民每百户家庭拥有的家用汽车数量由29.6 辆增加到 45 辆，2005～2014 年城镇居民每百户拥有的助力车由 5.08 辆增加到 12 辆，增长了 1.36 倍。另外，居民对天然气和电力的消费量逐年增加。2005 年天然气消耗量为 5.66 亿立方米，2014 年增加到 12.26 亿立方米，增加了1.17 倍。2005 年电力消耗 70.64 亿千瓦时，2014 年增加到 145.74 亿千瓦时，增加了 1.06 倍。这主要是由于人们对一些耗电量较高的耐用消费品的需求增加所致。根据《北京统计年鉴》提供的数据，2005～2014 年城镇居民每百户家庭拥有的空调由 146 台增加至 186 台，家用计算机数量由 89 台增加至 114 台。另外，天然气和电力消费量的占比稳定在 45％左右，没有较明显的变化趋势，如图 6-6 所示。

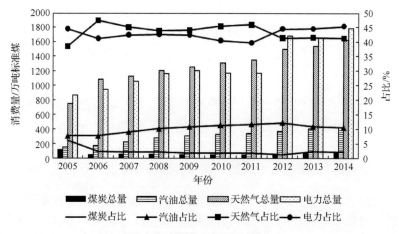

图 6-6　北京市城镇居民主要能源品种消费情况（2005～2014 年）

数据来源：国家统计局（2015）及著者整理

　　分析发现，城镇居民对化石能源的消费逐年下降，对清洁能源的消耗量有增加的趋势。总体而言，城镇居民的能源消费结构有所改善。

　　2）农村居民能源仍以化石能源为主

　　2005～2012 年农村居民的煤炭消费量逐年上升，由 2005 年的 63.78 万吨增加至 2012 年的 210 万吨，增加了 2.29 倍。2012～2014 年，煤炭的消费量逐年减少，至 2014 年为 179.33 万吨。从占比上来看，煤炭消费的变化趋势不稳定，2005 年该比例最低为 16.58%，2006 年最大达到 32.52%。截至 2014 年，占比为 25.88%。2009～2014 年农村居民对汽油的消耗量明显增加，占比也呈现上升的趋势。这主要是由于居民对汽车的需求增加所致。2009～2013 年北京市每百户农村居民拥有的家用汽车数量由 12 辆增加至 35 辆。另外，在液化石油气和天然气消费方面，虽然两者的占比不大，但从总量上来看，均有增长的趋势。2014 年农村居民对液化石油气的消耗量为 8.45 万吨，天然气为 0.45 亿立方米。电力消费在所有能源消费中的占比最大，最高达到 81.79%，对于农村居民而言是最主要的能源，如图 6-7 所示。

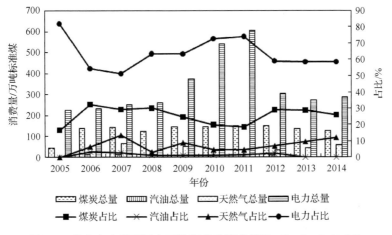

图 6-7　北京市农村居民主要能源品种消费情况（2005～2014 年）

数据来源：国家统计局（2015）及著者整理

分析发现，农村居民目前的能源消费结构有待完善，虽然天然气和液化石油气等清洁能源的使用量有所增加，但占比较小。因此，农村居民在能源消费方面，应增加清洁能源的使用，减少化石能源的使用。

6.2.3　城镇与农村间接能源消费结构存在差异，农村间接能源消费较少

1）间接能源消费研究方法

CLA 由 Bin 最先提出，主要用于居民间接能源消费及间接二氧化碳排放量的计算，通过与居民消费项直接相关部门的能源消费和工业产值数据，计算各类消费项的能源消费量，以此反映居民的间接能源消费量。计算中的关键是计算与居民生活密切相关的各类消费项（食品、衣着、居住、家庭设备用品及服务、交通和通信、医疗保健、教育文化娱乐服务、其他商品和服务）的能源强度和二氧化碳排放强度。计算过程及公式具体如下：

$$EI_i = \sum_j E_j \Big/ \sum_j Y_j \qquad\qquad (6-1)$$

$$EX_i = EI_i \cdot X_i \cdot P \qquad\qquad (6-2)$$

其中，i 表示居民的消费支出项；j 代表与居民各消费支出项直接相关的部门；EI_i 表示 i 类支出项的能源强度；E_j 表示 j 部门的能源消费量；Y_j 表示 j 部门的工业总产值；EX_i 表示 i 项支出的能源消费量；X_i 表示居民在 i 部门的消费支出；P 表示城镇或农村居民数量。

　　计算中使用的居民消费支出数据、各部门的能源消费量及人口数据来源于历年《北京统计年鉴》，各行业的工业总产值数据来源于历年《中国工业经济统计年鉴》。根据北京市统计局及《中国工业经济统计年鉴》和《北京统计年鉴》公布的相关数据，将与八类消费支出直接相关的部门进行分类，分布情况如表 6-1 所示。

表 6-1　与各类消费性支出直接相关的部门分布

消费性支出项	直接相关部门
食品	农副产品加工业、食品制造业、饮料制造业
衣着	纺织业、纺织服装服饰业
居住	非金属矿物制品业，金属制品业，电力、热力及水的生产和供应，建筑业，房地产业
家庭设备用品及服务	电气机械及器材制造业，居民服务、修理和其他服务业
医疗保健	卫生、社会保障和社会福利业，医药制造业
交通和通信	交通运输设备制造业，计算机、通信设备及其他电子设备制造业，信息传输计算机服务和软件业，交通运输、仓储及邮政业
教育文化娱乐服务	造纸及纸制品
其他商品和服务	批发和零售业、住宿和餐饮业、烟草制造业

数据来源：国家统计局（2015）及著者整理

　　需要说明的是，鉴于农村的热力供应设施尚不健全，对农村居民的能源消费量及二氧化碳排放量计算时不考虑居住项。另外，2012 年起行业划分执行《国民经济行业分类》（GB/T 4754—2011）标准，但与 GB/T 4754—2002 标准进行比较，发现本章中所需要用到的数据，只是涉及行业内部的调整（合并/归属调整），没有涉及不同行业之间的转换，因此对本章的计算没有影响。

　　为了消除价格变化对结果的影响，将各年份的行业产值及居民的消费支出分别以 PPI（生产价格指数）和 CPI（消费者价格指数）的 2005 年不变价进行调整。根据公式（6-1）计算得到各个年份每类消费支出的能源强度值，见表 6-2。

表 6-2　居民八类消费支出的能源强度值（2005～2013 年）

消费性支出项	2005 年	2006 年	2007 年	2008 年	2009 年	2010 年	2011 年	2012 年	2013 年
食品	0.25	0.24	0.21	0.19	0.16	0.16	0.15	0.13	0.11
衣着	0.25	0.23	0.21	0.19	0.18	0.16	0.16	0.17	0.12
居住	0.59	0.45	0.37	0.35	0.30	0.28	0.27	0.21	0.18
家庭设备用品及服务	0.26	0.25	0.18	0.11	0.07	0.07	0.08	0.09	0.07
医疗保健	0.29	0.26	0.21	0.19	0.15	0.15	0.13	0.12	0.11
交通和通信	0.20	0.20	0.20	0.25	0.22	0.22	0.22	0.21	0.18
教育文化娱乐服务	0.36	0.30	0.22	0.22	0.22	0.22	0.24	0.24	0.17
其他商品和服务	0.40	0.32	0.33	0.24	0.22	0.20	0.19	0.18	0.16

数据来源：国家统计局（2014）及著者整理

2）城镇间接能源消费逐年上升，食品、教育文化娱乐服务、交通和通信能耗占比较大

将表 6-2 计算得到的能源强度数值、北京市统计局提供的城镇居民的人口数量及居民消费额，代入公式（6-2）计算得到北京市城镇居民的间接能源消费量。

2005～2012 年城镇居民的间接能源消费量逐年上升，2012 年达到 723.07 万吨标准煤，比 2005 年增加了 42.98％，而 2013 年相对于 2012 年消费量又有所减少，达到 638.29 万吨标准煤。具体对各项消费支出进行分析，发现 2013 年的能源消费数值与 2012 年相比，除了其他商品和服务项，消费支出项所引致的间接能源消费均有所减少。2005～2012 年，在八类消费支出中，食品消费引致的间接能源消费最多且逐年上升，2012 年达到 177.15 万吨标准煤，2013 年减少为 159.41 万吨标准煤。其次是教育文化娱乐服务支出项，其间接能源消费量在 2007～2012 年逐年上升，2012 年达到 154.90 万吨标准煤，而 2013 年减少为 121.70 万吨标准煤。这主要是由于造纸及印刷行业属于高耗能行业，且居民在该方面的消费支出较大。另外，交通和通信及居住消费引致的间接能源消费也较多，其中交通和通信项的间接能源消费量在 2005～2012 年逐年增加，2012 年达到 140 万吨标准煤，在总间接能源消费中的比例将近 20％，而到 2013 年该项支出的间接能源消费减少为 129.24 万吨标准煤。虽然居住的能源强度在八类支出中最大，但是由于居民在该方面的消费支出较少，该方面的间接能源消费在总间接能源消费中的占比相对较小，如图 6-8 所示。

3）农村间接能源消费震荡变化，食品、交通和通信、教育文化娱乐服务能耗占比较大

将表 6-2 计算得到的能源强度数值、北京市统计局提供的农村居民人口数量及居民消费额，代入公式（6-2）计算得到北京市农村居民的间接能源消费量。

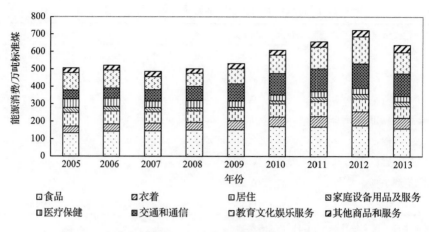

图 6-8　北京市城镇居民间接能源消费情况（2005～2013 年）

数据来源：国家统计局（2015）及著者整理

对计算结果进行分析发现，2005～2012 年，农村居民的间接能源消费量变化趋势不稳定。其中，2005～2008 年间接能源消费总量基本稳定，2008～2012年逐年上升，2012 年达到 42.97 万吨标准煤，相对于 2005 年增加了 36.34%，而 2013 年又有所下降，达到 39.78 万吨标准煤。具体对各个消费项分析发现，2013 年相对于 2012 年，除了其他商品和服务项，各消费项引致的间接能源消费量均有所下降。这主要是由于国家节能减排政策的实施，使得相关行业的能源强度有所下降。在八类消费项中，食品消费引致的间接能源消费量最多且逐年增加，2012 年达到 14.85 万吨标准煤，比 2005 年增加了 32.03%；2013 年减少为14.54 万吨标准煤。其次是交通和通信，其间接能源消费量在 2005～2012 年也不断增加，2012 年增至 8.29 万吨标准煤，这主要是由人们日常出行方式的改变引起的。随着人均可支配收入的增加，居民对便捷出行方式（汽车、摩托车等）的需求不断增加，而这些工具的生产过程需耗费大量的能源。2013 年交通和通信引致的间接能源消费量减少为 7.25 万吨标准煤，另外，教育文化娱乐服务方面的间接能源消费在 2008～2012 年不断增加，一方面是由于该支出的能源强度不断增大，另一方面是由于居民的重视程度不断增强。2013 年教育娱乐文化服务支出引致的间接能源消费量减小为 6.45 万吨标准煤。其他方面引致的间接能源消费量相对较小（图 6-9）。

通过对城镇和农村居民的各消费项进行分析发现，两者在间接能源消费结构上存在一定差异，但从总量上来看，两者的变化趋势基本一致。2005～2012 年城镇居民间接能源消费总量逐年上升，2012 年达到最大值，而 2013 年又有所下降。至 2012 年间接能源消费量为 723.07 万吨标准煤，2013 年下降为 638.29 万吨。相对于城镇居民，农村居民的间接能源消费量则小很多，2012 年为 42.97

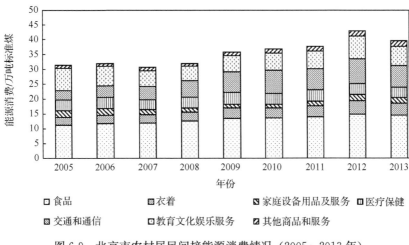

图 6-9　北京市农村居民间接能源消费情况（2005～2013 年）

数据来源：国家统计局（2015）及著者整理

万吨标准煤，2013 年下降为 39.78 万吨，具体如图 6-10 所示。

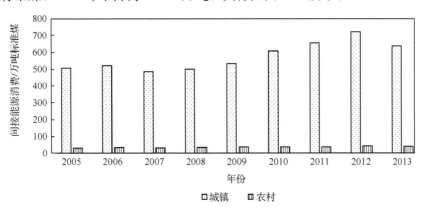

图 6-10　北京市城镇和农村居民间接能源消费总量情况（2005～2013 年）

数据来源：国家统计局（2015）及著者整理

6.3　北京市居民二氧化碳排放情况

与居民能源消费相类似，居民生活行为对二氧化碳排放的影响也分为直接影响和间接影响。其中，直接二氧化碳排放量是由居民生活中直接使用能源引起的，间接二氧化碳排放量指的是居民为了维持日常生活所消费的产品和服务在生产制造过程中引起的二氧化碳的排放。

6.3.1　城镇直接二氧化碳排放量明显高于农村

居民直接二氧化碳排放量的计算采用二氧化碳排放系数法，即根据《北京统计年鉴》列示的主要能源品种，通过各自对应的二氧化碳排放系数分别计算直接二氧化碳排放量，通过加总得到该年份的直接二氧化碳排放总量。其中，各个能源品种的碳排放系数来源于《中国能源统计年鉴2013》。

由于热力在消耗过程中不产生二氧化碳排放，在计算过程中未将其考虑在内。另外，根据《北京统计年鉴》的数据，发现北京市的电力生产量远小于电力消费量，如2012年电力生产量为284.7亿千瓦时，消费量为911.94亿千瓦时，2013年电力生产量为326.70亿千瓦时，消费量为908.7亿千瓦时，电力消费量约为电力生产量的3倍。因此，难以明确北京居民消费的电力来源是由本地生产还是由外地输送的。在计算时也未考虑电力消费。最终计算过程中，主要考虑的能源品种包括煤炭、焦炭、汽油、煤油、柴油和天然气等。

分析发现，2005～2014年城镇居民的直接二氧化碳排放量逐年增加，2014年达到3812.63万吨，比2005年增加了83.85%。农村居民生活行为导致的直接二氧化碳排放量变化趋势波动较大，在2008年达到最低排放量，为523.56万吨，主要是因为该年农村居民对煤炭的消费量大幅减少，为174.62万吨，而2007年和2009年分别为202.00万吨和204.7万吨。2008～2014年农村居民直接二氧化碳排放量有升有降，2012年达到670.77万吨。2013年相对于2012年有一定程度的减少，排放总量为606.00万吨，2014年基本与2013年持平。对具体能源消费品种的消费量分析发现，2012年煤炭消费量为210.00万吨，2013年减少为189.92万吨，2014年减少为179.83万吨，农村居民对煤炭的消费量有所减少。就城镇和农村比较而言，发现城镇居民的直接二氧化碳排放量明显高于农村居民，且两者之间的差距有逐渐增大的趋势，2014年，两者之间排放量差距达到3206.36万吨，具体如图6-11所示。

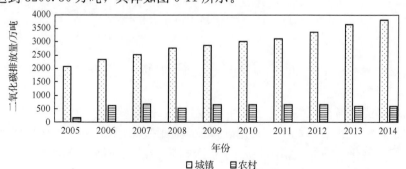

图6-11　北京市城镇和农村的居民直接二氧化碳排放情况（2005～2014年）

数据来源：国家统计局（2015）及著者整理

6.3.2 食品等方面的间接碳排放量占比相对较大

1）间接二氧化碳排放的核算方法

间接二氧化碳排放量的计算也采用 CLA。首先运用碳排放系数法将北京市统计局提供的各个能源消费品种的碳排放量，其次结合《中国工业经济统计年鉴》提供的与居民消费直接相关部门的工业总产值，根据公式（6-3）计算得到各个消费支出项的碳强度，如表 6-3 所示。在碳排放强度的基础上，结合北京市统计局提供的居民人口数量及各类消费支出项的数值，根据公式（6-4）计算得到相应的二氧化碳排放量：

$$\mathrm{CI}_i = \sum_i C_i \Big/ \sum_j Y_j \tag{6-3}$$

$$\mathrm{CX}_i = \mathrm{CI}_i \cdot X_i \cdot P \tag{6-4}$$

其中，CI_i 表示 i 项支出的二氧化碳排放强度；C_i 表示 j 部门的二氧化碳排放量；Y_j 表示 j 部门的生产总值；X_i 表示居民在 i 部门的消费支出；P 表示城镇或农村居民数量；CX_i 表示 i 项支出的二氧化碳排放量。

表 6-3 居民各类消费支出的二氧化碳强度（2005～2013 年）

消费性支出项	2005 年	2006 年	2007 年	2008 年	2009 年	2010 年	2011 年	2012 年	2013 年
食品	0.56	0.57	0.51	0.46	0.45	0.42	0.37	0.38	0.32
衣着	0.50	0.52	0.47	0.43	0.44	0.35	0.32	0.37	0.22
居住	3.63	3.16	2.73	3.21	3.04	2.67	2.42	2.34	2.22
家庭设备用品及服务	1.04	0.90	0.71	0.42	0.3	0.27	0.32	0.38	0.31
医疗保健	1.41	1.08	0.82	0.73	0.67	0.57	0.44	0.43	0.35
交通和通信	0.57	0.55	0.54	0.66	0.66	0.59	0.43	0.60	0.33
教育文化娱乐服务	0.84	0.76	0.56	0.52	0.49	0.56	0.56	0.60	0.44
其他商品和服务	1.38	1.10	1.12	0.76	0.68	0.54	0.49	0.53	0.54

数据来源：国家统计局（2015）及著者整理

2）城镇间接二氧化碳总体上升，居住、食品、交通和通信、教育文化娱乐服务方面的间接二氧化碳排放量占比相对较大

根据北京市统计局提供的数据，将城镇居民的人口数量及各类消费支出数据代入公式（6-4）计算得到城镇居民的间接二氧化碳排放量。2005～2012 年城镇居民的间接二氧化碳排放量总体呈现上升趋势，且在 2007～2012 年增长较为明显，2012 年增长至 2607.09 万吨，比 2007 年增加了 58.84%。但 2013 年间接排放总量有所减少，为 2424.62 万吨。具体分析各个消费支出项发现，2013 年在八类消费支出项中，除了居住项引致的间接二氧化碳排放量比 2012 年有所增加，

其他消费项引致的排放量均有所减少。在八类消费支出项中，居住和食品引致的二氧化碳排放量所占比例较大。其中，居住方面的间接二氧化碳排放量在2007～2013年逐年上升，2013年达到879.13万吨，占间接排放总量的36.26％。食品方面的间接二氧化碳排放量在2005～2012年逐年上升，2012年达到501.83万吨，占总量的19.25％。2013年食品项的间接二氧化碳排放量虽然有所减少，但在总间接排放量中所占的比例达到19.97％。其次，交通和通信及教育文化娱乐服务方面的间接二氧化碳排放量占比也相对较大，在2013年分别达到10.43％和13.36％，其他方面间接二氧化碳排放量和占比均相对较小（图6-12）。

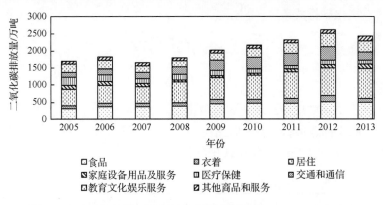

图6-12　北京市城镇居民间接二氧化碳排放量（2005～2013年）

数据来源：国家统计局（2015）及著者整理

3）农村间接二氧化碳排放波动增加，食品、交通和通信及教育文化娱乐服务方面的排放占比相对较大

根据北京市统计局提供的数据，将农村居民的人口数量及各类消费支出数据代入公式（6-4）计算得到农村居民的间接二氧化碳排放量。

对计算结果进行分析发现，2005～2008年农村居民的间接二氧化碳排放总量基本稳定在85万吨。但在2009～2012年波动较大，尤其是2009年，相对于2008年增幅明显，从86.95万吨增长到106.92万吨，增长了22.97％，这主要是由于2009年居民各方面的人均消费支出增长幅度均比前几年大幅提高，如在交通和通信方面，居民人均消费支出从856.62元增加到1141.75元，增加了33.29％，而2008年相较于2007年则基本不变。农村居民的间接二氧化碳排放总量在2010～2012年逐年上升，2012年达到121.7万吨，2013年又有所减少，间接二氧化碳排放总量为110.90万吨。具体如图6-13所示。

对八类消费支出项进行分析发现，2013年，除了食品项，其他项引致的间接二氧化碳排放量均有所减少。在总间接二氧化碳排放量中所占的比例上，农村居民在食品、交通和通信及教育文化娱乐服务方面的占比相对较大，2013年食

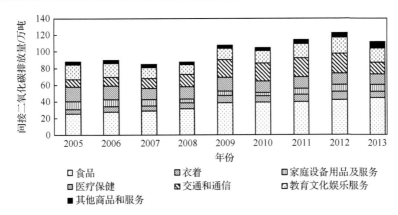

图 6-13　北京市农村居民间接二氧化碳排放量情况（2005～2013 年）

品方面的间接二氧化碳排放量达到 42.07 万吨，占总量的 34.57％，其他两项分别达到 23.56 万吨和 13.58 万吨，占比分别达到 19.36％和 15.95％，其余项的间接二氧化碳排放量及在总量中的占比相对较小。具体如图 6-13 所示。

　　比较分析 2005～2013 年，北京市城镇和农村居民的间接二氧化碳排放量发现，两者均在 2007～2012 年逐年增加，但排放量上城镇居民的排放量要远大于农村居民，且 2009 年开始两者之间的差距逐渐拉大，2012 年城镇居民间接二氧化碳排放总量是农村居民的 9.80 倍，2013 年城镇和农村居民的间接二氧化碳排放量均减少，此时两者之间的差距为 2313.27 万吨。具体如图 6-14 所示。

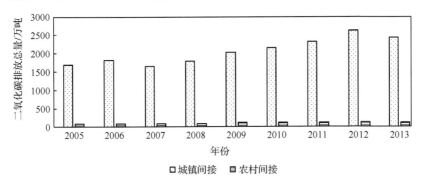

图 6-14　北京市城镇和农村居民间接二氧化碳排放情况（2005～2013 年）

数据来源：国家统计局（2015）及著者整理

6.4　不同收入水平居民能源消费及二氧化碳排放分析

　　通过对居民收入数据分析发现，2005～2013 年居民收入水平逐年上升。根据 6.2 节和 6.3 节的计算结果，居民的能源消费量和二氧化碳排放量总体上呈现逐年上升的趋势。为探究居民的收入水平对能源消费和二氧化碳排放的影响及两者之间的变化趋势是否具有一致性，本节对不同收入阶层下居民的能源消费及二氧化碳排放量进行了量化分析。

根据《北京统计年鉴》公布的不同收入阶层居民（高收入水平、中高收入水平、中等收入水平、中低收入水平及低收入水平）的相关数据，运用 CLA 计算居民间接能源消费量和间接二氧化碳排放量，比较分析不同收入阶层居民的能源消费结构和二氧化碳排放结构的差异。

6.4.1　居民收入水平越高，间接能源消费量越多

1）城镇居民收入水平越高，间接能源消费量越多，能源消费构成因收入水平存在不同

分析发现，城镇居民的间接消费总量随收入水平的提升不断增加，2013 年低收入居民的间接能源消费量为 72.13 万吨标准煤，中等收入居民为 115.66 万吨标准煤，高收入居民为 210.95 万吨标准煤，高收入群体的间接能源消费总量为低收入群体的 2.92 倍。进一步对消费结构分析发现，不同收入群体的能源消费结构存在差异。收入水平越高，由食品消费引致的间接能源消费量越多，但在间接能源消费总量中所占的比例越小。2013 年，低收入群体、中等收入群体和高收入群体的食品消费引致的间接能源消费量分别为 22.30 万吨标准煤、31.39 万吨标准煤和 44.04 万吨标准煤，在间接能源消费总量中所占的比例分别为 30.92％、27.14％和 20.87％。在交通和通信方面，收入水平越高，间接能源消费量越多，在间接能源消费总量中所占的比例也越大。2013 年低收入群体、中等收入群体和高收入群体的交通和通信消费引致的间接能源消费量分别为 10.98 万吨标准煤、20.78 万吨标准煤和 49.30 万吨标准煤，在间接能源消费总量中所占的比例分别为 15.23％、17.97％和 23.37％。另外，收入水平越高，教育文化娱乐服务消费引致的间接能源消费越多，在间接能源消费总量中所占的比例越大。具体如图 6-15 和图 6-16 所示。

2）农村居民收入水平越高，间接能源消费量越多，能源消费构成因收入存在差异

分析发现，收入水平越高，农村居民的间接能源消费量越多。2013 年农村居民高收入群体的间接能源消费量为 12.18 万吨标准煤，中等收入群体为 7.78 万吨标准煤，低收入群体为 5.25 万吨标准煤，高收入群体为低收入群体的 2.32 倍。对居民消费结构分析发现，不同收入群体的能源消费结构存在一定差异。收入水平越高，食品方面的间接能源消费量越多，但在间接能源消费总量中所占的比例越小。2013 年高收入水平居民食品方面引致的间接能源消费量为 3.95 万吨标准煤，占比为 32.41％，中等收入居民为 2.77 万吨标准煤，占比为 35.64％，

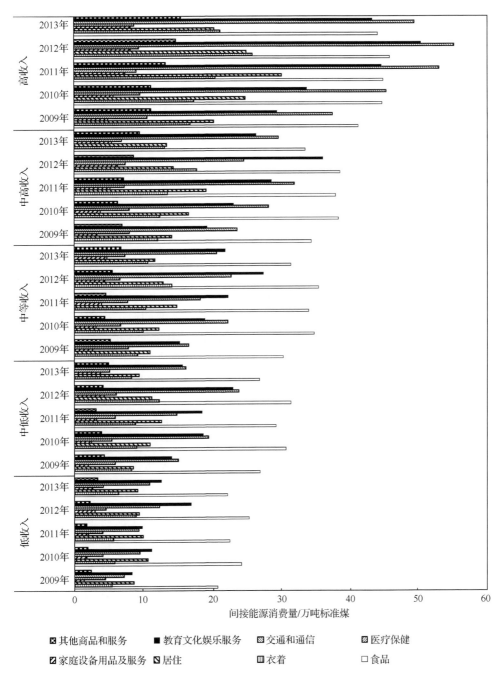

图 6-15　北京市不同收入阶层城镇居民的间接能源消费情况（2009～2013 年）

数据来源：国家统计局（2015）及著者整理

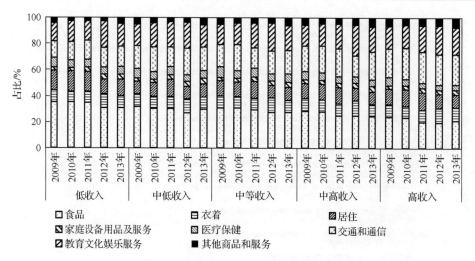

图 6-16　不同收入阶层城镇居民各类消费支出的间接能源消费占比（2009～2013 年）

数据来源：国家统计局（2015）及著者整理

低收入居民为 2.15 万吨标准煤，占比为 41.04％。交通和通信消费引致的间接能源消费量及其在间接能源消费中所占的比例随收入水平的提高而增加或增大。2013 年高收入居民、中等收入居民和低收入居民在交通和通信项引致的间接能源消费量分别为 2.51 万吨标准煤、1.57 万吨标准煤和 0.80 万吨标准煤，占比分别为 20.63％、20.18％和 15.22％。在教育文化娱乐服务方面，收入水平越高，居民的间接能源消费量越多，在间接能源消费中所占的比例也越大。2013 年高收入居民、中等收入居民和低收入居民在教育文化娱乐方面引致的间接能源消费量分别为 2.06 万吨标准煤、1.28 万吨标准煤和 0.75 万吨标准煤，占比分别为 16.93％、16.45％和 14.27％。具体如图 6-17 和图 6-18 所示。

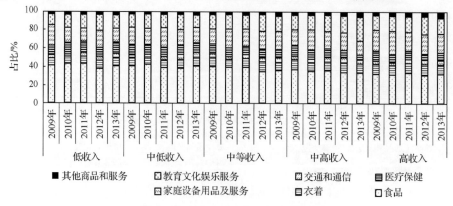

图 6-17　不同收入阶层农村居民各类消费支出的间接能源消费占比（2009～2013 年）

数据来源：国家统计局（2015）及著者整理

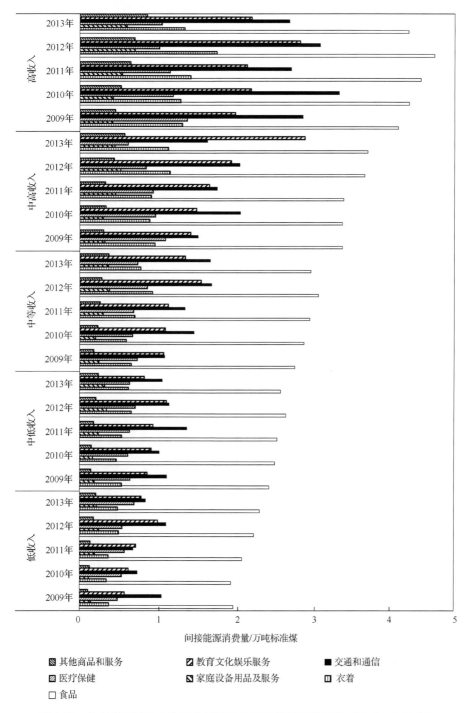

间接能源消费量/万吨标准煤

<table>
<tr><td>▨ 其他商品和服务</td><td>▨ 教育文化娱乐服务</td><td>■ 交通和通信</td></tr>
<tr><td>▨ 医疗保健</td><td>▨ 家庭设备用品及服务</td><td>▥ 衣着</td></tr>
<tr><td>□ 食品</td><td></td><td></td></tr>
</table>

图 6-18　北京市不同收入阶层农村居民的间接能源消费情况（2009～2013 年）

数据来源：国家统计局（2015）及著者整理

6.4.2 居民收入水平提高，二氧化碳排放量增加

不同收入阶层居民的间接二氧化碳排放量的计算仍采用 CLA，将相关数据代入该方法，计算到不同收入阶层居民的间接二氧化碳排放量，得到如下结果。

1) 城镇居民的间接二氧化碳排放量随收入水平的提高逐渐增加，不同收入群体在消费构成各部分的碳排放水平不同

2009～2013 年，城镇居民的间接二氧化碳排放量随收入水平的提高逐渐增加，2013 年高收入居民的二氧化碳排放量达到 987.69 万吨，中等收入居民为 466.18 万吨，低收入居民为 308.73 万吨。2013 年相比于 2012 年二氧化碳排放量有所减少，高收入居民、中等收入居民、低收入居民分别为 742.87 万吨、421.84 万吨和 282.88 万吨。对各个消费支出项分析发现，在八类消费项中，居住消费引致的间接二氧化碳排放量最多，且二氧化碳排放量及其在间接二氧化碳排放总量中所占的比例随收入水平提高逐渐增加或增大。2013 年低收入群体在居住方面引致的二氧化碳排放量为 115.46 万吨，占比为 32.76%，中等收入群体为 147.59 万吨，占比为 34.99%，高收入群体为 255.65 万吨，占比为 36.13%（图 6-19 和图 6-20）。中高收入（含）及以下收入群体二氧化碳排放量仅次于居住项的为食品项，而高收入群体为交通和通信。在食品的间接二氧化碳排放方面，收入水平越高，排放量越多，但在间接二氧化碳排放总量中所占的比

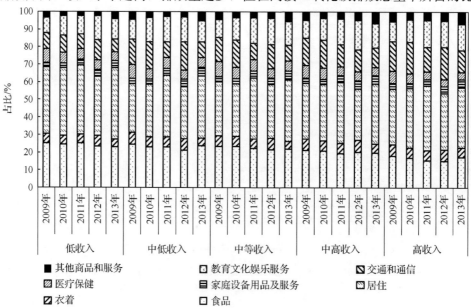

图 6-19　不同收入阶层北京市城镇居民各类消费支出的二氧化碳排放量占比（2009～2013 年）

数据来源：国家统计局（2015）及著者整理

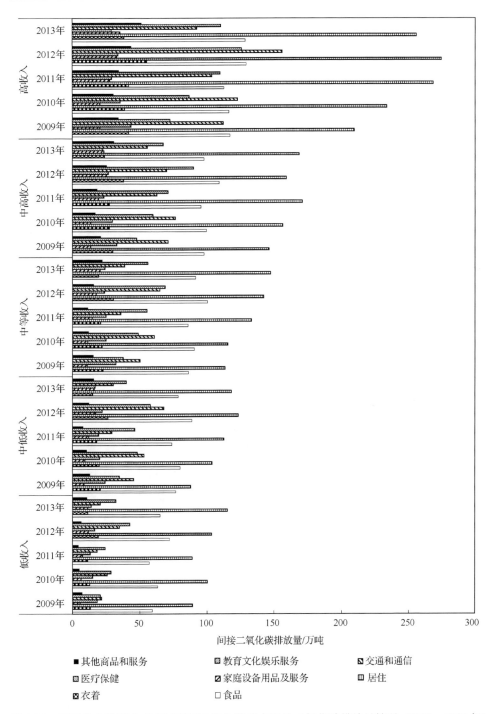

图 6-20　不同收入阶层北京市城镇居民各类消费支出的二氧化碳排放量情况（2009～2013 年）

数据来源：国家统计局（2015）及著者整理

例越小。2013 年高收入群体在食品方面产生的二氧化碳排放量为 128.61 万吨，占比为 17.31%，中等收入群体为 91.69 万吨，占比为 21.74%，低收入群体为 65.12 万吨，占比为 23.02%。在交通和通信方面，居民的收入水平越高，二氧化碳排放量越多，且在间接二氧化碳排放总量中所占的比例越大，2013 年高收入群体、中等收入群体和低收入群体在交通和通信消费方面引致的间接二氧化碳排放量分别为 92.72 万吨、39.08 万吨和 20.66 万吨，在间接二氧化碳排放总量中所占的比例分别为 12.48%、9.26% 和 7.30%。具体如图 6-19 和图 6-20 所示。

2）农村居民的间接二氧化碳排放量随着收入水平的提高逐渐增加

2009～2013 年，农村居民的间接二氧化碳排放量随着收入水平的提高逐渐增加。2013 年高收入水平居民的排放量达到 32.34 万吨，中等收入居民为 20.72 万吨，低收入水平居民为 14.35 万吨。具体对居民的二氧化碳排放结构进行分析发现，在消费支出中，所有收入阶层居民在食品方面的二氧化碳排放量最多。收入水平越高，食品消费引致的间接二氧化碳排放量越多，但在间接二氧化碳排放总量中所占的比例越小。2013 年高收入群体食品消费引致的间接二氧化碳排放量为 11.53 万吨，占比为 35.66%，中等收入群体排放量为 8.10 万吨，占比为 39.08%，低收入群体排放量为 6.29 万吨，占比为 43.81%。中等收入（含）以下的居民间接二氧化碳排放量及其在总间接二氧化碳排放中所占的比例较大的为交通和通信及医疗保健，而中高收入和高收入群体为交通和通信及教育娱乐文化服务，且这三项引致的间接二氧化碳排放量均随着收入水平的提高而增加，具体如图 6-21 和图 6-22 所示。

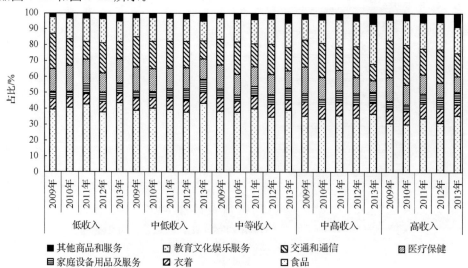

图 6-21　北京市不同收入阶层农村居民各类消费支出的二氧化碳排放量占比（2009～2013 年）

数据来源：国家统计局（2015）及著者整理

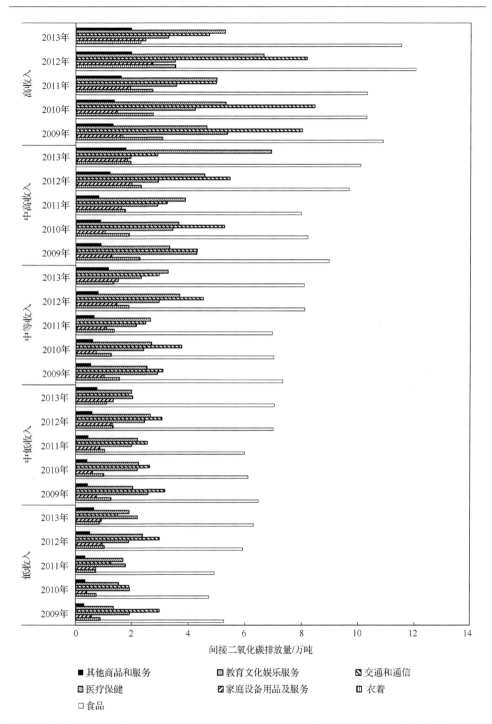

间接二氧化碳排放量/万吨

■ 其他商品和服务　　　　▨ 教育文化娱乐服务　　　　◹ 交通和通信
▧ 医疗保健　　　　▨ 家庭设备用品及服务　　　　▥ 衣着
□ 食品

图 6-22　北京市不同收入阶层农村居民各类消费支出的间接二氧化碳排放情况（2009～2013 年）

数据来源：国家统计局（2015）及著者整理

6.5　居民消费对二氧化碳排放的影响分析

6.3 节对居民的二氧化碳排放量进行了计算分析，发现呈现出一定的变化趋势，为了探讨二氧化碳排放的影响因素，分析主要正向和负向影响因素，本节采用 LMDI 法进行计算分析。

6.5.1　基于 LMDI 分解法的影响因素模型构建

本节采用 LMDI 中的加法分解法对影响居民二氧化碳排放的因素进行分析，根据 6.3 节的计算结果，分别对居民直接二氧化碳和间接二氧化碳排放的影响因素分析。针对直接二氧化碳排放，考虑的影响因素为人口、城乡人口占比、人均消费水平、单位消费支出的能耗及单位能耗的二氧化碳排放，具体公式为

$$C_D = \sum_i P \cdot \frac{P_i}{P} \cdot \frac{X_i}{P_i} \cdot \frac{E_i}{X_i} \cdot \frac{C_{iD}}{E_i} \tag{6-5}$$

其中，C_D 为居民直接二氧化碳排放量；P 为北京市的总人口数量；P_i 为北京市城镇和农村居民的人口数量；X_i 为居民的总生活消费水平；E_i 为居民的直接能源消费量；C_{iD} 为居民的直接二氧化碳排放量。

针对间接二氧化碳排放，考虑的因素为人口、城乡人口占比、人均消费水平、消费结构、单位消费支出的间接能耗、单位间接能耗的间接二氧化碳排放，具体公式为

$$C_{iD} = \sum_{i,j} P \cdot \frac{P_i}{P} \cdot \frac{X_i}{P_i} \cdot \frac{X_{ij}}{X_i} \frac{E_{ij}}{X_{ij}} \cdot \frac{C_{ijD}}{E_{ij}} \tag{6-6}$$

其中，C_{iD} 为居民间接二氧化碳排放量；P 为北京市的总人口数量；P_i 为北京市城镇和农村居民的人口数量；X_i 为居民的总生活消费水平；X_{ij} 为居民在各消费项中的支出；j 代表食品、衣着、家庭设备用品及服务、居住、医疗保健、交通和通信、教育娱乐文化服务及其他商品和服务（农村居民不包含居住项）；E_{ij} 为居民在 j 类消费项中产生的间接能源消耗；C_{ijD} 为居民在 j 类消费项中的间接二氧化碳排放量。

将《北京统计年鉴》提供的居民消费、人口数据与本章计算得到的能源消费量及二氧化碳排放量，代入以上两个模型中，计算得到影响居民直接和间接二氧化碳排放的因素。

6.5.2　人均消费驱动直接二氧化碳排放，降低单位消费能耗实现有效减排

对结果进行分析发现，在 2006～2013 年北京市居民直接二氧化碳排放的环比增长量均表现为正值，即直接二氧化碳排放呈现逐年增加的趋势。其中，2006～2007 年增长量最大，达到 252.44 万吨，2011～2012 年的增长量次之，为

247.07 万吨。在所分析的五大因素中，人均消费效应及人口效应是主要的正向驱动因素，单位消费的能耗及单位能耗的碳排放是主要的负向驱动因素，城乡结构效应的影响也表现为负向，但影响相对较小，如表 6-4 所示。

表 6-4　各因素对居民直接二氧化碳排放的影响

（单位：万吨）

年份	人口	城乡结构	人均消费	单位消费能耗	单位能耗碳排放
2006~2007	139.39	−2.20	159.98	16.09	−60.82
2007~2008	175.87	−3.40	257.56	−206.86	−154.91
2008~2009	166.88	−0.63	340.69	−233.27	−22.17
2009~2010	181.93	−10.87	385.56	−405.02	−23.14
2010~2011	102.91	−3.40	361.02	−262.56	−103.01
2011~2012	97.26	0.39	336.80	−81.67	−105.71
2012~2013	89.56	−0.59	394.98	−338.88	89.22
2006~2013	953.80	−20.70	2236.59	−1512.17	−380.54

1）人均消费的提升，带来二氧化碳排放增加

2006~2013 年，居民生活水平不断提高，人均消费逐年增加，对二氧化碳排放的影响表现为正向，即带来二氧化碳排放的增加。这主要是由于随着生活水平的提高，居民对耐用消费品的需求不断增加，2006~2013 年每百户城镇居民拥有的空调数量由 157 台增加到 180 台，计算机数量由 96 台增加到 110 台。每百户农村居民拥有的空调数量由 72 台增加到 123 台，家用计算机数量由 41 台增加到 74 台。2012~2013 年城镇居民的人均消费水平由 24046 元增加到 26275 元，增长率最大，达到 9.27%，农村居民的人均消费水平由 11879 元增加到 13553 元，增长率为 14.09%。在城镇和农村居民人均消费水平带动下，人均消费因素对二氧化碳排放的影响效果在 2012~2013 年最大，影响值达到 394.98 万吨。具体对城镇和农村居民比较分析发现，城镇居民人均消费对直接二氧化碳排放的影响远大于农村居民，如表 6-5 所示。

表 6-5　居民的生活水平对直接二氧化碳排放的影响

（单位：万吨）

年份	人均消费因素	城镇	农村
2006~2007	159.98	81.55	78.43
2007~2008	257.56	188.09	69.48
2008~2009	340.69	235.80	104.88
2009~2010	385.56	318.48	67.07
2010~2011	361.02	300.02	61.00
2011~2012	336.8	289.98	46.82
2012~2013	394.98	310.89	84.09

2) 人口数量逐年增加，二氧化碳排放量也小幅增长

2006～2013 年，人口数量对二氧化碳排放的影响始终表现为正向且逐年增加，使得二氧化碳排放小幅增长。2009～2010 年人口由 1860 万增长到 1961.9 万，人口增长率达到最大，为 5.48%，影响效果也最大，为 181.93 万吨。此后人口数量虽然仍逐年增加，但是增长率不断下降，对二氧化碳排放的影响也不断减小，2012～2013 年的影响效应为 89.56 万吨。对比城镇和农村居民的影响效果发现，城镇居民对直接二氧化碳排放的影响远大于农村居民，如表 6-6 所示。

表 6-6　人口因素对直接二氧化碳排放的影响

（单位：万吨）

年份	人口因素	城镇	农村
2006～2007	139.39	116.18	23.21
2007～2008	175.87	158.37	17.50
2008～2009	166.88	141.97	24.91
2009～2010	181.93	190.10	−8.17
2010～2011	102.91	97.13	5.78
2011～2012	97.26	78.93	18.33
2012～2013	89.56	80.47	9.09

3) 城乡结构变化引起二氧化碳排放的减少，城镇与农村的影响结果存在差异

2006～2013 年，城乡结构变化对二氧化碳排放的影响基本表现为负向，即其变化引起二氧化碳排放的减少。其中，在 2009～2010 年的影响效果最明显，达到−10.87 万吨。2011～2012 年，该因素对二氧化碳排放的影响虽表现为正向，但是数值很小，为 0.38 万吨。分别对城镇和农村人口占比对二氧化碳排放的影响进行分析发现，城镇人口占比的影响为正向，而农村人口占比的影响为负向，如表 6-7 所示。2006～2012 年城镇居民在总人口中的占比不断增加，农村居

表 6-7　城乡结构对直接二氧化碳排放的影响

（单位：万吨）

年份	城乡结构	城镇	农村
2006～2007	−2.20	4.73	−6.93
2007～2008	−3.40	12.56	−15.96
2008～2009	−0.63	3.47	−4.10
2009～2010	−10.87	32.84	−43.71
2010～2011	−3.40	9.81	−13.21
2011～2012	0.38	−1.31	1.69
2012～2013	−0.59	4.19	−4.78

民的占比不断减小。2006 年城镇居民占比为 84.33%，2012 年为 86.20%。在 2006~2012 年，农村居民的直接二氧化碳排放总量虽然明显低于城镇居民，但是在人均二氧化碳排放上明显高于城镇居民，因此出现了城乡结构变化因素对二氧化碳排放的影响为负向。

4）单位消费支出的能源耗费降低，能有效实现减排

2006~2013 年，单位消费支出的能源耗费对二氧化碳排放的影响总体表现为负向，只在 2006~2007 年为正向，具体影响数值为 16.10 万吨，2009~2010 年的影响效果最明显，达到−405.02 万吨。对城镇和农村居民分别进行分析发现，城镇居民单位消费支出的能源耗费在 2007 年和 2012 年均比上一年份有所增加，对二氧化碳排放的影响均表现为正值，而在其他时间段的消费支出的能源耗费均比上一年份有所减少，相应地对二氧化碳排放的影响均表现为负值。农村居民在 2009 年、2010 年、2011 年的单位消费支出的能源耗费均比上一年份有所增加，且对二氧化碳排放的影响为正向，其他年份则表现为负向，如表 6-8 所示。

表 6-8　单位消费能耗对直接二氧化碳排放的影响

（单位：万吨）

年份	单位消费能耗因素	城镇	农村
2006~2007	16.10	80.42	−64.32
2007~2008	−206.86	−20.57	−186.29
2008~2009	−233.26	−251.19	17.93
2009~2010	−405.02	−453.43	48.41
2010~2011	−262.56	−273.90	11.34
2011~2012	−81.66	118.24	−199.90
2012~2013	−338.87	−137.93	−200.94

5）降低单位能耗的二氧化碳排放，减少直接二氧化碳排放

除了 2012~2013 年，单位能耗的二氧化碳排放对二氧化碳排放的影响均为负值。其中，2007~2008 年影响值最大，为−154.91 万吨。分析发现，2006~2012 年居民单位能耗的二氧化碳排放总体呈下降趋势，2006 年城镇和农村居民的单位能耗的二氧化碳排放数值分别为 3.44 吨/吨标准煤和 2.73 吨/吨标准煤，2012 年分别为 3.01 吨/吨标准煤和 2.37 吨/吨标准煤。2013 年相比于 2012 年，则有所增加。2013 年城镇居民的单位能耗的二氧化碳排放量为 3.05 吨/吨标准煤，农村居民为 2.53 吨/吨标准煤。对城镇和农村居民分别进行分析，城镇居民在 2009~2010 年、2012~2013 年，农村居民在 2006~2007 年、2011~2012 年单位能耗的二氧化碳排放有所增加，且对二氧化碳排放的影响表现为正向。其他年份影响均为负向，如表 6-9 所示。

表 6-9　居民单位能耗碳排放对直接二氧化碳排放的影响

（单位：万吨）

年份	单位能耗排放因素	城镇	农村
2006～2007	−60.82	−103.19	42.37
2007～2008	−154.91	−78.91	−76.00
2008～2009	−22.17	−16.23	−5.94
2009～2010	−23.13	82.14	−105.27
2010～2011	−103.01	−28.15	−74.86
2011～2012	−105.71	−240.59	134.88
2012～2013	89.22	46.23	42.99

6.5.3　降低单位消费的间接能耗驱动减排，居民生活水平及人口因素增加碳排放

对结果进行分析发现，2006～2013 年北京市居民间接二氧化碳排放的环比增长量，除了 2006～2007 年和 2012～2013 年，均表现为正值，即在 2007 年和 2013 年的间接二氧化碳排放量均比上一年份有所减少，而其余年份相比于前一年份均增加。其中，2011～2012 年的增长量最大，为 308.01 万吨。从总体上看，2006～2013 年，对居民间接二氧化碳排放量影响最大的因素为单位消费支出的间接能耗，其次为人均消费及人口因素。在这三大影响因素中，人均消费及人口对间接二氧化碳排放的影响为正向，而单位消费支出的间接能耗则为负向，如表 6-10 所示。

表 6-10　各因素对间接二氧化碳排放的影响

（单位：万吨）

年份	人口	城乡结构	人均消费	消费结构	单位消费支出的间接能耗	单位间接能耗的碳排放
2006～2007	82.85	2.43	39.93	−11.10	−261.69	−19.56
2007～2008	98.99	5.86	84.75	−14.70	−127.34	99.14
2008～2009	97.68	1.65	301.67	−42.51	−296.82	197.07
2009～2010	116.68	16.26	147.43	53.57	−14.92	−172.43
2010～2011	66.55	4.97	156.85	57.40	−67.58	−46.13
2011～2012	63.79	−0.69	288.78	−41.37	−227.63	225.13
2012～2013	57.23	2.14	239.54	−6.99	−566.07	84.08
2006～2013	583.77	32.62	1258.95	−5.70	−1562.05	367.30

1）生活水平驱动间接二氧化碳排放，城镇人均消费对间接二氧化碳排放的影响大于农村

2006～2013 年，居民的人均消费水平对间接二氧化碳排放的影响表现为正

向，并在 2008～2009 年影响最大，为 301.67 万吨。分别对城镇和农村居民分析发现，城镇居民的人均消费对间接二氧化碳排放的影响明显大于农村居民，且两者均在 2008～2009 年达到最大，城镇居民为 281.28 万吨，农村居民为 20.39 万吨。分析发现 2009 年居民的人均消费水平相对于 2008 年明显提高，2008 年城镇居民的人均消费水平为 15895.23 元，农村居民为 6146.98 元，2009 年分别为 18437.96 元和 7591.38 元，分别增长了 16.00% 和 23.50%，增长率明显高于其他年份，因此所产生的效应也最大，如表 6-11 所示。

表 6-11　居民人均消费对间接二氧化碳排放的影响

（单位：万吨）

年份	人均消费因素	城镇	农村
2006～2007	39.93	32.28	7.65
2007～2008	84.75	76.99	7.76
2008～2009	301.67	281.28	20.39
2009～2010	147.43	144.05	3.38
2010～2011	156.85	149.46	7.39
2011～2012	288.78	274.03	14.75
2012～2013	239.54	222.93	16.61

2）降低单位消费支出的间接能耗，实现间接二氧化碳排放减少

2006～2013 年单位消费支出的间接能耗对间接二氧化碳排放的影响始终表现为负向，且在 2012～2013 年达到最大，为 −566.07 万吨。总体来看，每一消费项的单位支出的间接能耗数值在每一年相对于前一年均有一定程度的降低，且在 2013 年下降幅度较大。分别对城镇和农村居民分析发现，城镇居民的该因素对二氧化碳排放的影响明显高于农村居民，且两者的影响均表现为负向，均在 2012～2013 年达到最大，城镇居民为 −539.29 万吨，农村居民为 −26.78 万吨，其他年份的影响相对较小，如表 6-12 所示。

表 6-12　居民单位消费支出的间接能耗对间接二氧化碳排放的影响

（单位：万吨）

年份	单位消费支出的间接能耗	城镇	农村
2006～2007	−261.69	−247.05	−14.64
2007～2008	−127.34	−118.05	−9.29
2008～2009	−296.82	−281.88	−14.94
2009～2010	−14.92	−7.56	−7.36
2010～2011	−67.58	−61.52	−6.06
2011～2012	−227.63	−224.29	−3.34
2012～2013	−566.07	−539.29	−26.78

3）人口因素小幅驱动间接二氧化碳排放，城镇居民的影响远大于农村居民

2006～2013年人口因素对间接二氧化碳排放的影响始终为正向，且在2009～2010年影响值达到最大，为116.68万吨，其中城镇居民的影响值为111.05万吨，农村居民的影响值为5.63万吨。对人口数量具体分析发现，在2006～2013年，城镇和农村居民人口数量均逐年增加，且在2009～2010年总人口增长率达到最大，增长率为5.48%，相应地，对间接二氧化碳排放的影响也达到116.68万吨，对比城镇和农村居民发现，城镇居民的影响远大于农村居民，如表6-13所示。

表6-13　人口因素对间接二氧化碳排放的影响

（单位：万吨）

年份	人口因素	城镇	农村
2006～2007	82.85	78.87	3.98
2007～2008	98.99	94.25	4.74
2008～2009	97.68	92.94	4.74
2009～2010	116.68	111.05	5.63
2010～2011	66.55	63.45	3.10
2011～2012	63.79	60.87	2.92
2012～2013	57.23	54.70	2.53

4）单位间接能耗的碳排放减少，降低了间接二氧化碳排放

2006～2013年，单位间接能耗的碳排放对间接二氧化碳排放的影响不确定，在2007～2008年、2008～2009年、2011～2012年及2012～2013年表现为正向，其中2011～2012年的影响最大，为225.13万吨，其余时间段的影响为负向。分析发现在这四个时间段，城镇居民在居住方面的单位间接能耗的碳排放数值明显增大，其他消费支出项的变化不明显。因此，城镇居民居住方面单位间接能耗碳排放的增加引起了居民间接二氧化碳排放的增加。另外，在2006～2007年、2009～2010年和2010～2011年该因素的影响表现为负向，且在2009～2010年影响较大，为−172.43万吨。在该时间段内，城镇居民和农村居民各类消费支出项的单位间接能耗的碳排放数值均有一定程度的减小，且城镇居民在居住方面减小的幅度较明显，对间接二氧化碳排放产生的具体影响如表6-14所示。

5）城乡结构小幅抑制间接二氧化碳的排放，城镇居民的人均间接二氧化碳排放水平明显高于农村居民

2006～2013年，除了2011～2012年城乡结构对间接二氧化碳排放的影响表现为负向，其余时间段的影响均表现为正向。表现为正向影响的时间段中在2009～2010年影响值最大，为16.26万吨，其中城镇居民影响值为23.19万吨，

表 6-14　居民单位间接能耗的碳排放对间接二氧化碳排放的影响

（单位：万吨）

年份	单位间接能耗的碳排放	城镇	农村
2006~2007	-19.56	-18.56	-1.00
2007~2008	99.14	99.84	-0.70
2008~2009	197.07	187.57	9.50
2009~2010	-172.43	-167.21	-5.22
2010~2011	-46.13	-52.68	6.55
2011~2012	225.13	231.86	-6.73
2012~2013	84.08	86.74	-2.66

农村居民为 -6.93 万吨。分析发现，在 2007~2011 年及 2013 年城镇居民占比均相对于上一年份有所增加，且在 2009~2010 年的变化最大。2006 年该比例为 84.33%，2011 年为 86.23%，2013 年为 86.30%。2011~2012 年总的影响为负向，数值为 -0.69 万吨，其中城镇居民的影响为 -0.99 万吨，农村居民为 0.30 万吨，具体如表 6-15 所示。主要因为 2012 年城镇居民的占比略有减小，而农村居民占比有小幅度增加，且城镇居民的人均间接二氧化碳排放水平明显高于农村居民。2013 年城镇居民占比增加，农村居民占比减小，相应地，引起间接二氧化碳排放量的增加。

表 6-15　城乡结构对间接二氧化碳排放的影响

（单位：万吨）

年份	城乡结构	城镇	农村
2006~2007	2.43	3.35	-0.92
2007~2008	5.86	8.12	-2.26
2008~2009	1.65	2.32	-0.67
2009~2010	16.26	23.19	-6.93
2010~2011	4.97	7.13	-2.16
2011~2012	-0.69	-0.99	0.30
2012~2013	2.14	3.01	-0.87

6）消费结构变化对间接二氧化碳排放的影响有正有负，城镇与农村表现存在差异

2006~2013 年，消费结构变化对间接二氧化碳排放的影响不确定，正向影响主要为 2009~2010 年和 2010~2011 年，且在 2010~2011 年影响最大，为 57.40 万吨，其中，城镇居民消费结构变化的影响为 59.03 万吨，农村居民为 -1.63 万吨，如表 6-16 所示。对居民各个消费支出在总消费支出中的比例分析

发现，在 2010～2011 年城镇居民的教育文化娱乐服务、居住、家庭设备用品及服务项的占比有所增加，而农村居民的交通和通信、教育文化娱乐服务项的占比有所减小。

表 6-16 居民的消费结构变化对间接二氧化碳排放的影响

（单位：万吨）

年份	消费结构	城镇	农村
2006～2007	−11.10	−10.72	−0.38
2007～2008	−14.70	−14.34	−0.36
2008～2009	−42.51	−42.81	0.30
2009～2010	53.57	52.66	0.91
2010～2011	57.40	59.03	−1.63
2011～2012	−41.37	−41.87	0.50
2012～2013	−6.99	−6.59	−0.40

本章针对 2005～2013 年北京市的相关数据，运用标准煤折算法计算了北京市居民的直接能源消费量，运用碳排放系数法计算了居民的直接二氧化碳排放量，运用 CLA 分别计算了居民的间接能源消费量和间接二氧化碳排放量。同时，针对不同收入阶层的划分，利用 CLA 计算了不同收入阶层居民的间接能源消费量和间接二氧化碳排放量。最后，利用 LMDI 法对影响居民二氧化碳排放量的因素进行分析。最终根据计算结果分析，主要得出以下结论。

（1）农村和城镇居民的能源消费量情况：城镇居民高于农村居民。

对农村和城镇居民的能源消费总量对比分析发现，城镇居民的能源消费总量远高于农村居民，且两者之间的差距呈现逐年增大的趋势。2005 年该差值为921.16 万吨标准煤，2013 年增加至 1512.24 万吨标准煤。比较直接能源消费量发现，城镇居民高于农村居民，且两者之间的差距逐年增加，2005 年该差值为446.97 万吨标准煤，2013 年增加至 832.14 万吨标准煤。间接能源消费量方面，城镇和农村居民之间的差距最明显，虽然在总量上来看，两者均逐年增加，但城镇居民间接能源消费总量为农村居民的 16 倍左右。这主要是由北京市居民的城乡结构及城镇和农村居民的生活消费水平差异引起的。

（2）城镇和农村居民的能源消费结构：城镇居民消费结构相对合理，农村居民过于依赖传统化石能源。

在直接能源消费量中，对各个能源消费品种进行分析发现，城镇居民和农村居民的能源消费结构存在一定差异。对于城镇居民，最主要的能源消费品种为电力，其次为天然气，且天然气的消费在直接能源消费量中的比例有增大的趋势。在汽油消费方面，城镇居民对汽油的消费量逐年增加，在直接能源消费量中的比例也不断增大。这主要是由居民汽车的拥有量不断增加引起的。2009~2013 年北京市每百户农村居民拥有的家用汽车数量由 12 辆增加至 35 辆。与此相反，城镇居民对煤炭的消费，不管是在消费量上还是在直接能源消费量中所占的比例上，均逐年递减。

农村居民与城镇居民一样，最主要的能源消费品种也是电力，但在直接能源消费量中的比例逐年减小。2005 年该比例为 81.79%，随后几年逐年减小，2013 年为 58.93%。但与城镇居民相比，占比仍然相对较大。其次为煤炭消费，2005~2012 年，农村居民对煤炭的消费量逐年增加，且在直接能源消费量中的比例也不断增大。至 2012 年，煤炭消费量达到 150.00 万吨标准煤，占比为 29.07%。虽然 2013 年对煤炭消费量有所减少，但在直接能源消费中的比例仍较大。另外，农村居民对天然气的消费量相对较少，虽然在 2008~2012 年逐年增加，但在直接能源消费量中的比例增长并不明显。

因此，对比城镇和农村居民的能源消费结构，可以发现相对于农村居民，城镇居民对清洁能源的消费量不断增加，对传统能源如煤炭的消费量逐年减小，能源消费结构较合理。农村居民则仍然以煤炭等化石能源为主，消费结构需要进一步完善。

（3）城镇和农村居民的二氧化碳排放量：城镇居民高于农村居民。

对比城镇和农村居民的二氧化碳排放量发现，城镇居民在直接和间接二氧化碳排放量上均明显高于农村居民，且两者之间的差距均不断增加。二氧化碳排放总量（包括直接和间接二氧化碳排放量）的差值上，2005 年为 3494.27 万吨，2013 年增加至 5173.91 万吨。分析不同生活行为引致的间接二氧化碳排放量可以看出，城镇居民在居住、教育娱乐文化服务、交通和通信方面的二氧化碳排放量较多，而农村居民则为食品、交通和通信及教育文化娱乐服务。

（4）不同收入阶层居民的间接能源消费和间接二氧化碳排放量：收入水平越高，居民的间接能源消费量和二氧化碳排放量越大。

根据对不同收入阶层居民计算得到的间接能源消费量和二氧化碳排放数据分析，发现收入水平越高，居民在食品消费方面引致的间接能源消费量和间接二氧化碳排放量越多，但是在总量中的比例越小。在交通和通信及教育娱乐文化服务方面，随着收入水平的提高，间接能源消费量和二氧化碳排放量不断增加，其在间接能源消费总量和二氧化碳排放总量中的比例也不断增大。

（5）居民二氧化碳排放的影响因素分析：人口和人均消费水平为主要推动因素。

通过对居民直接二氧化碳排放量和间接二氧化碳排放量的影响因素进行分析，发现人口和人均消费水平均为主要的推动因素，且人口的作用有减弱的趋势，而人均消费水平的作用有增强的趋势。另外，直接二氧化碳排放量的影响因素中，单位消费的能耗及单位能耗的二氧化碳排放量是较大的抑制因素。对于间接二氧化碳排放量，单位消费支出的间接能耗是主要的抑制因素。

根据以上研究结论，本章主要提出以下政策建议。

（1）优化能源消费结构，大力推广使用清洁能源。

居民消费作为能源终端消费之一，在终端消费中占有较高的比例，因此，居民是影响能源消费和二氧化碳排放的重要群体。随着经济社会的不断发展，居民的生活消费水平不断提高，在满足生活质量的前提下，以更加环保的方式进行消费，将是未来我国居民碳减排的主要途径（张咪咪和陈天祥，2010）。虽然北京市城镇居民对传统能源如煤炭的使用有所减少，对清洁能源的使用有增加的趋势，但是清洁能源在能源消费中的比例仍然过小。因此应继续增加清洁能源的使用。农村居民生活能源中煤炭所占比例较大，清洁能源使用过少，能源消费结构不合理，因此，应努力改善农村能源供应基础设施，逐步淘汰以耗煤为主的能源供应设施，并减少煤炭等化石能源的使用，增加清洁能源的使用，优化农村居民的生活用能结构（樊静丽等，2010）。

（2）加强与居住和教育娱乐文化服务相关的行业的节能减排。

居民消费领域不是独立存在的，而是与国民经济中的各个部门密切相关。根据计算结果发现，居民在居住和教育娱乐文化服务方面均产生较多的能源消费及二氧化碳排放，且这两项消费的能源强度和碳排放强度均较大。因此，应加强与居住和教育娱乐文化服务相关行业的节能减排，制定严格的行业减排标准，从源头上减少居民消费领域的能源耗费和二氧化碳排放。

（3）推广新能源汽车的使用。

交通是居民生活中不可或缺的一部分，而根据对居民间接能源消费量和间接二氧化碳排放量的计算发现，交通和通信在总量中占据了较大的比例。居民对家用汽车的持有量不断增加，而传统汽车作为能源消耗和二氧化碳的主要排放来源，其使用会引起环境问题的恶化。因此，应大力推广新能源汽车的使用，严格执行传统汽车的排放标准，减少传统汽车的使用量，加快"黄标车"的淘汰速度。

（4）居民要注重理性消费，避免浪费。

居民消费水平对二氧化碳排放起到较大的促进作用，因此居民在保证生活质量的同时应理性消费。具体在消费项方面，食品加工过程中会产生大量的能源消耗和二氧化碳排放，根据对居民二氧化碳排放量的计算分析发现，食品消费会引致较多的能源消费和二氧化碳排放量，且收入水平越高，能源消费和二氧化碳排放量越多。因此居民在消费水平提高的同时，不应盲目增加食品的消费支出，应理性消费，拒绝浪费。

（5）制定更严格的行业能耗和排放标准，降低能耗强度和碳强度。

单位支出耗费的能源及单位能耗引致的碳排放的增加会促进居民直接和间接二氧化碳排放的增加，且会产生较大的影响。因此，应从行业的角度制定严格的能耗和排放标准，力求从源头上实现居民消费领域的节能减排。

第 7 章 北京市减排机制研究——碳市场机制

　　全球面临着日益严重的气候环境问题，低碳发展是应对全球气候变化和能源危机的一种新型发展方式，在中国承诺温室气体限排义务和快速城市化的前提下，城市实施低碳发展是可行途径和必然选择。近年来北京常住居民深受雾霾等环境污染的影响，生活质量有所下降，由此带来较大的负面经济文化效应，严重地影响了北京作为中国首都的城市形象及对于在住居民的环境承载，经济社会与生态环境的可持续发展能力较弱。因此北京市低碳城市建设急不可待。2013 年 6 月以来，在北京、天津、上海、重庆、湖北、广东和深圳 7 个省市逐步开放了碳排放权交易试点，首都北京作为我国低碳试点城市、低碳交通试点城市和碳排放权交易试点城市，从政策与市场导向中不断践行着低碳发展战略。本章试图全面地验证当前备受关注的高效减排政策工具——碳市场对于北京的低碳发展影响，并对北京市碳市场进行绩效及成熟度评估，以此为北京市未来节能减排事业的发展与全国统一碳市场的建设奠定基础。本章解决以下问题：

- 北京市低碳发展的经验借鉴及路径选择
- 北京市碳市场机制运行绩效与成熟度的定性分析
- 北京市碳市场机制运行绩效与成熟度的定量研究

7.1　北京市低碳发展的经验借鉴及路径选择

7.1.1　借鉴发达国家低碳城市的转型发展经验

近年来，气候变化、极端天气事件对人类生活造成了巨大的影响，备受人们关注。节能减排、低碳发展作为其中有效的应对模式，具有较高的研究价值。北京作为我国的首都，为了避免继续遭受自身资源与环境的双打击，进行低碳城市建设，倡导节能减排势在必行。而为了全面地指导推动北京市低碳城市的建设及发展路径的选择，有必要学习借鉴发达国家低碳城市的转型发展经验，促进自身的发展规划。

第一，法制建设。美国、英国依据自身的低碳建设需求，均出台了相应的政策法案，具有极强的约束力及可操作性，以及针对自身的城市建设，积极实践具体的低碳发展策略与行为；而就北京市的低碳发展建设，虽然出台了相应的政策，但缺乏法律根本的约束性和细致性。第二，资金的投入。例如，英国的低碳基金、美国的一揽子计划投入都是在大力推动实践低碳发展。第三，具体的低碳发展策略。例如，低碳社区的实施，推行智能电网，引进碳价格制度来降低交通碳排放，鼓励运用可再生能源提高能效，改进碳捕捉与封存技术，发展清洁能源、环保建筑等。因此北京市在低碳发展的路径选择过程中，还需要不断地发展与完善。从能源消耗与利用、产业结构的调整与发展、工业耗能行业的节能减排及低碳消费等方面，构建适合自身低碳经济发展的途径，实现又好又快的发展。

7.1.2　发展及完善适合自身的激励型减排措施

近年来北京已经在积极践行低碳发展之路，以"绿色奥运"为依托，"十一五"规划期间北京市开展了一系列符合低碳发展要求的实践探索。《北京市国民经济和社会发展第十二个五年规划纲要》也要求深入推进节能减排，走绿色低碳发展之路，提出了"十二五"规划期间的绿色发展目标、具体指标、重点行业和领域。《北京市 2013—2017 年清洁空气行动计划》对改善北京市空气质量提出了行动目标和污染减排工程及减排任务。北京市"十三五"规划指出"十三五"规划期间是加快建设国际一流的和谐宜居之都的关键阶段。

碳市场作为一种低成本、高效率的直接低碳政策减排工具，在世界范围内得到推行，欧盟、美国、澳大利亚、新西兰和日本等碳排放权交易市场运行较早，其中欧盟碳市场、美国芝加哥气候交易所发展最成熟，具有极大的研究与借鉴价值。我国作为二氧化碳第一排放大国，面临巨大的减排压力。北京作为第一批试点城市，开展了初具规模的碳排放权交易。2013 年 11 月 28 日，北京市碳排放权交易在北京环境交易所正式开市。京津冀晋蒙鲁六省区市还签订了跨区域碳排放权交易合作研究协议，为推动区域性碳交易市场建设奠定基础，以及为我国未来形成全国的统一碳市场探索前路、积攒经验。总之，首都北京作为我国低碳试点城市、低碳交通试点城市和碳排放权交易试点城市，正在从政策与市场导向中不断践行着低碳发展战略。

为了更好地实践低碳发展，本书依据以下的研究思路（图 7-1）来全面地验证当前备受关注的高效减排政策工具——碳市场对于北京低碳发展的影响，对北京市碳市场进行绩效及成熟度评估，为北京市未来节能减排事业的发展与全国统一碳市场的建设奠定基础。

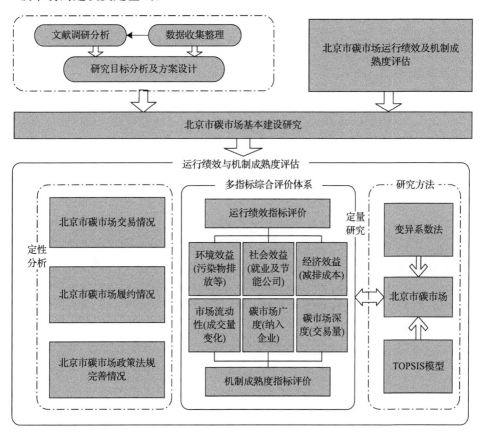

图 7-1　北京市碳市场运行绩效及成熟度评估技术路线图

7.1.3　北京市与其他试点城市的碳市场建设对比

2013 年 6 月 18 日深圳排放权交易所开市，标志着我国"两省五市"碳交易区域试点工作正式开始。2014 年，重庆碳排放权交易中心开市，标志着"两省五市"碳交易试点全部上线交易，纳入碳排放交易体系的配额总量达到 12 亿吨，控排企业 2000 余家，市场规模预估在 3000 亿～4000 亿元，成为继欧盟之后的第二大碳交易体系。碳交易试点工作得到各试点省市的高度重视和大力支持。在机制设计方面，试点省市出台相关地方法规，使得碳排放权交易有法可依，加强了交易的约束性；在交易主体和交易品种的选择方面，试点省市根据自身不同的经济社会发展现状，确定交易主体并设计相应配额标准，如北京碳排放配额（BEA）、天津碳排放配额（TJEA）（表 7-1）。七大碳市场试点的建设工作各具特色，北京环境交易所联合 BlueNext 交易所发起建立中国第一个自愿碳减排标准——熊猫标准，旨在为即将迅速壮大的中国碳市场提供透明而可靠的碳信用额，并通过鼓励对农村经济的投资来实现中国政府消除贫困的目标；天津排放权交易所与美国芝加哥气候交易所建立合作，理念先进；上海环境能源交易所在国内率先启动企业碳核算试点；重庆将森林碳汇纳入交易；深圳则具备着较为特色的制造业配额分配方法；广东完成了国内首例总量控制下的碳排放权交易。

综合国内外碳排放权交易实际情况可以看出，在具体机制设计细节方面，七个碳排放权交易试点的建设各具特色。下面针对于北京市碳市场建设进一步深入分析。

（1）市场交易机制。试点期间，北京市实行二氧化碳排放总量控制下的配额交易机制。

（2）交易产品。北京市碳排放权交易只针对二氧化碳一种温室气体，主要交易标的为二氧化碳排放配额。允许参与主体通过项目交易获取核证自愿减排量（CCER）抵消一定比例的配额。核证自愿减排量是指经有资质的核证机构核定，并由国家发展和改革委员会备案的项目减排量，单位以"吨二氧化碳当量（tCO_2e）"计。

（3）市场参与主体与标准。北京市碳排放权交易主要针对行政区域内源于固定设施的排放。其中，年二氧化碳直接排放量与间接排放量之和大于 1 万吨（含）的单位为重点排放单位，需履行年度控制二氧化碳排放责任，是参与碳排放权交易的主体；年综合能耗 2000 吨标准煤（含）以上的其他单位可自愿参加，参照重点排放单位进行管理。符合条件的其他企业（单位）也可参与交易。

（4）交易平台。试点期间北京市碳交易平台设在北京环境交易所。

（5）交易方式。场外交易是北京碳交易市场的一大特色。为了规范北京市碳排放交易行为，维护交易市场秩序，《北京市碳排放配额场外交易实施细则（试行）》规定，关联交易、超过 1 万吨的大宗交易，和经相关主管部门认定的其他情形的交易需采用场外交易方式。交易参与方通过协议交易，并需要在交易协议生效后办理碳排放配额交割与资金结算手续。

表 7-1 中国七个试点省市碳排放权交易机制对比

试点	启动时间	交易场所	交易主体	交易商品	纳入行业	纳入标准	占总排放比例	配额分配
深圳	2013.06.18	深圳排放权交易所	体系覆盖的企业单位、个人和机构	SZA、CCER	工业(电力、水务、制造业)和建筑	工业:5000吨以上;公共建筑:20000米²;机关建筑:10000米²	40%	2014年6月6日拍卖7.5万吨;制造业:竞争性博弈;建筑业:排放标准;逐年分配
上海	2013.11.26	上海环境能源交易所	体系覆盖的企业单位	SHEA、CCER	工业(电力、钢铁、石化、化工等)和非工业(机场、港口、商场、宾馆等)	工业:2万吨;非工业1万吨	57%	2014年6月30日拍卖7220吨;历史法与基线法;一次性发放三年
北京	2013.11.28	北京环境交易所	体系覆盖的企业、机构	BEA、CCER、节能量、碳汇	电力、热力、水泥、石化等工业与服务业	1万吨以上	49%	免费分配;历史法;历史法与基准线法;逐年分配
天津	2013.12.26	天津排放权交易所	体系覆盖的企业单位、国内外机构和个人	TJEA、CCER	电力、热力、钢铁、化工、石化、油气开采	2万吨以上	60%	免费分配;历史法;历史法与基准线法;逐年分配
广东	2013.12.19	广东碳排放权交易所	体系覆盖的企业单位、个人和机构	GDEA、CCER	电力、水泥、钢铁、石化	2万吨以上	54%	2013~2014年拍卖比例为3%,2015年为10%;历史法与基准线法;逐年分配
湖北	2014.04.02	湖北环境资源交易中心	体系覆盖的企业单位、个人和机构	HBEA、CCER	电力、钢铁、化工、水泥、汽车制造、有色金属、玻璃、造纸等重工业行业	年综合能耗6万吨标煤以上	35%	政府预留30%配额拍卖,2014年3月31日拍卖200万吨;历史法与基准线法;逐年分配
重庆	2014.06.19	重庆碳排放权交易中心	体系覆盖的企业单位、个人和机构	CQEA、CCER	电力、电解铝、铁合金、电石、烧碱、水泥、钢铁	2万吨以上	40%	免费分配,政府总量控制与企业竞争博弈相结合;逐年分配

资料来源:七大试点交易平台及著者整理

　　(6) 纳入行业。随着社会经济的发展，北京市积极调整产业结构，第三产业快速发展，比例大于 70%，高耗能及传统产业不断被替代，这对北京市节能环保事业的发展起到了极大的贡献作用。北京市还将除电力、热力、水泥、石化等工业产业外的部分非工业部门纳入交易体系中，在一定程度上代表了城市化、工业化较发达地区开展碳交易的做法。

　　(7) 配额核定与分配。北京市采取免费分配的方法，结合了两种配额核定方法进行区域间配额总量的设定：其一，2013 年 1 月 1 日之前投运的行业部分基于历史排放总量核定配额，部分基于历史排放强度核定配额；其二，对行业新增设施的配额根据该行业的二氧化碳排放强度先进值进行核定。在确定北京市碳排放总量控制目标和年度减排指标后，对市行政区域内重点排放单位的二氧化碳排放实行配额管理。重点排放单位在配额许可范围内排放二氧化碳，其现有设施碳排放量应当逐年下降。碳排放配额可在政府确定的交易机构进行交易，其他单位可自愿参与交易。政府可以采取回购等方式调整碳排放总量。

　　综上，北京市碳排放权交易试点的建设工作不断推进，允许场外交易，扩大及灵活交易方式，并在活跃的交易方式上制定相应的规范细则，不断地完善市场建设；此外，纳入非工业行业更是对于区域产业结构优化政策的贯彻执行，体现了北京市近年来致力于产业结构的优化，并获取相应的成效，第三产业比例升高，对于之前的传统及高耗能产业构成了极大的压力，推动着北京市的可持续发展。

7.2　北京市碳市场机制运行情况分析

7.2.1　碳市场交易初具规模，市场流动性较差

　　北京市碳排放权交易在北京市环境交易所开市，是继深圳、上海之后，我国第三个正式启动的碳排放交易试点。开市首日，北京试点的总成交量达 4.08 万吨，成交额达到 204.1 万元。

　　2013 年 11 月 28 日开市至 2015 年 12 月 31 日，北京市碳配额共成交 531.96 万吨，成交额 2.38 亿元。其中线上成交 1394 笔，成交量为 232.87 万吨，成交额 1.22 亿元，成交均价 52.58 元/吨，较初始价格上涨 2.6%；协议转让共成交 299.09 万吨。由此可以看出，北京市碳排放权交易市场在过去的两年多里发展得初具规模，实现上亿的成交额，其线上交易与场外交易平分秋色。

　　虽然北京市的碳排放权交易具备一定的规模，但是从过往趋势来看，市场仍然处于起步阶段，交易分散，偶然性很大。北京市的总体交易量波动增加，交易量峰值总是出现在履约期附近，如 2014 年 6 月成交 51.63 亿吨，2015 年 1 月成

交 48.75 亿吨, 2015 年 6 月成交 127.45 亿吨, 每隔半年因受北京市发展和改革委员会的督促, 将会有大量履约主体进行最后的履约需求交易。所以北京市碳排放权交易量并不是在时间基础上逐步累积, 而是受制于履约时间点一蹴而就, 于履约月份的前后出现大量的交易 (图 7-2), 因而在对配额需求较大的月份成交均价便会偏高。但随着市场的发展, 近年来出现大量交易并未抬升碳价的局面, 市场调节起到了一定的影响。但如此缺乏连续性的交易模式虽然在结果上实现了减排的目的, 在过程中却极大地丧失了市场灵活的调控性, 有待于进一步地发展与完善。

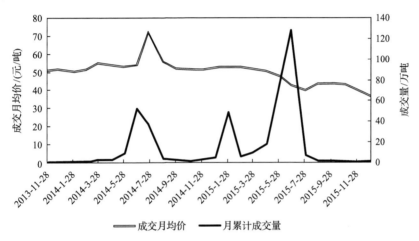

图 7-2　北京市碳排放权交易市场开市以来的成交月均价及月累计成交量
数据来源: 北京市碳排放权交易所及著者整理

北京市近年来的碳成交月均价平缓波动, 略微下降, 由 2013 年 51.25 元/吨的开市价下降为 2015 年 12 月的 36.79 元/吨, 下降幅度为 28%, 由此可见, 北京市作为较早开市的碳排放权交易试点, 随着交易的不断增加, 市场调节性不断增强, 人们的碳排放权交易需求有所下降, 低碳发展的形势越来越好。2014 年 6 月, 开市以来第一个履约期的到来, 使得刚开始进行碳试点交易的企业面临第一次节点, 由于还未形成一定的减排意识, 没有为自己留存足够的碳排放权, 出现了交易需求过大、碳价较高的局面。之后的两个履约期, 虽然交易量较大, 但是交易需求并不如之前高, 由此可见, 配额分配及市场灵活机制也起到一定的调节作用。

虽然北京碳交易总体状况较为乐观, 但与其余的六个碳交易试点进行横向比较 (图 7-3), 北京的累计交易量与交易额仍然较小, 位于七大试点交易量的倒数第二位, 仅为交易量最大的湖北省累计交易量的 1/9。北京作为较早开放碳交易试点城市, 与开放较晚的广东试点相比, 其累计交易量仍然相对较小, 广东省的累计交易量为北京市的 3.43 倍，不过直辖市与省份的规模差异也可以作其解释。因此将北京的累计交易量与同样为直辖市的深圳、上海、天津、重庆试点城市进行比较，发现北京市的交易量居中，交易量的增速相当，由此可见，北京市的碳市场交易具备较良好的发展规模。

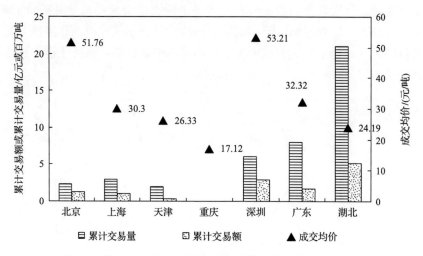

图 7-3　截至 2015 年 12 月 31 日 7 个碳交易试点的交易状况
数据来源：Wind 数据库及著者整理

　　北京市碳试点的交易均价较高。一方面是由于履约带来的压力，在第一个履约期 2014 年 6 月底～7 月初，出现了 60～70 元/吨的高额交易价格，提高了整体的均价水平，使得其均价仅低于深圳；另一方面，北京为了延续高速的经济增长，导致温室气体的排放日益加剧，碳配额的需求不断攀升，使得碳价较高。由此看出，北京众多企业应该迫于碳交易的履约压力，不断鞭策自身进行技术进步，寻求减排的新出路。此外，北京交易试点的市场流动性仍然有待进一步提高，配额总量也有待进一步商榷，需要不断调整、制定更加适合的交易配额方案，从低成本、高效率的角度为减排提供更好的发展措施。最后，北京市较高的碳价水平使得其累计成交额较高。

　　综上所述，北京市碳交易试点的交易工作已初具规模，但受制于当地企业减排意识较低、减排的难度及深度较大、受配额情况的影响，北京市的碳交易呈现出高价的局面。

7.2.2　控排企业较多，履约情况良好

　　2015 年是北京、上海、深圳、广东、天津等 5 个试点的第二次履约年，也是湖北和重庆的首个履约年。总体来看，除天津以外，上海、北京、深圳、广东均按原定期限完成履约，且上海、北京、广东最终履约率均达到 100%，深圳履

约率在99.7%，上海是唯一一个连续两年按时且100%完成履约的试点。

北京市碳试点重点排放单位共计543家，比2014增加了128家，包括京冀跨区域碳排放交易体系中河北承德市的6家水泥企业，履约率则由2014年的97%提高至100%。从履约过程来看，与2014年相比，北京市责令整改的重点排放单位数量大幅降低，从第一个履约期的257家减少至2015年的14家单位。根据北京市发展和改革委员会初步测算，通过碳排放权交易市场，重点排放单位2014年二氧化碳排放量同比降低了5.96%，协同减排1.7万吨二氧化硫和7310吨氮氧化物，减少2193吨PM10和1462吨PM2.5。广东省由2014年98.9%的履约率，上升为2015年100%的履约。深圳的履约率则由2013年的96.5%上升为99.7%。天津市2014年度碳排放履约工作再次延后，履约率仅为99.1%。湖北碳试点延迟履约1个月，最终履约率为81.2%。截至2015年7月23日重庆的首年履约仅为70%。

北京市的履约情况显著优于其他地区，北京试点的控排企业明显多于除深圳试点以外的其他碳试点，而且就其履约程度而言，北京市碳试点作为控排企业较多的试点，履约率达到100%，位居三个完全履约试点之列，实现本市较好的减排效果。由此可见，北京作为我国首都，对于贯彻低碳发展的方针政策极具表率作用。七个试点履约具体情况如表7-2所示。

表7-2　七个碳交易试点的具体履约情况

试点	开市日期	清缴截止期	控排企业	未履约企业	履约率
深圳	2013.06.18	2015.06.30	634	2	99.7%
上海	2013.11.26	2015.06.30	190	0	100%
北京	2013.11.28	2015.06.15	543	0	100%
广东	2013.12.19	2015.06.23	184	0	100%
天津	2013.12.26	2015.07.10	112	1	99.1%
湖北	2014.04.02	2015.07.10	138	26	81.2%
重庆	2014.06.19	2015.07.23	237	71	70.0%

数据来源：低碳工业网及著者整理

由此可见，北京作为第三个正式启动碳排放交易试点的省市，在两次履约督促期里，积极地响应国家的政策与号召，采用政策与市场手段相结合，有效地确保在控排企业不断增加的情况下未履约企业数仍为0，按时完成履约，重点排放单位2014年二氧化碳排放量同比降低5.96%，实现了污染气体的减排。总之，北京市企业在控排履约方面，表现得相当出色，实现100%的履约，这与其作为政治教育文化中心，凭借其有效的管控力度与先进的发展技术，有效地完成减排目标息息相关，起到了较好表率作用。

7.2.3   立法不断完善，碳市场交易的流程逐步规范化

随着北京碳市场交易规模稳步增长，流动性逐渐增强，社会对于市场规范的要求也逐步增加。首先是《北京环境交易所碳排放权交易规则》的不断修订，从不断完善立法的角度来增强碳交易市场的规范性；其次是协助核查监督履约过程而出台的相关一系列的政策法规，由《关于规范碳排放权交易行政处罚自由裁量权的规定》到报送、督促履约的一些通知，都在不断地深化碳市场交易的流程规范化；此外，还有针对于配额的相关细则规定，公开交易操作的管理办法，都在无形中牵引着北京市碳市场向规范的道路不断前进。

综合以上对于北京市碳市场的发展状况的描述，可以看出北京市碳市场机制在行政立法、企业经济交往等多方面因素的共同努力下，其交易规模稳步上升、企业参与的积极性也不断提高，市场建设也在不断完善，为我国建立全国统一的碳市场奠定了良好的基础。

7.3   北京市碳市场机制综合评价指标构建与模型介绍

7.3.1   北京市碳市场机制评价的研究意义

目前，我国的碳市场建设仍然处于初步发展阶段，关于碳市场试点的成果相对较少，研究大多集中于定性分析试点发展现状与横向比较，针对于单个试点深入定量分析的研究比较缺乏。付萌等（2014）针对北京市碳交易试点市场分析及其发展现状的研究，从宏观的角度探讨北京碳市场的现状，并提出了相应的政策建议。杨正东（2013）对北京市碳排放权交易市场的可持续发展进行研究，通过分析北京市碳交易市场现状，提出应坚持市场化导向，着力增进碳交易市场的竞争能力。吴向阳（2013）对北京市碳交易的配额设置及市场监管提出了采用碳排放配额先免费、逐渐加大拍卖比例的方式，加强政府、社会机构的监督作用的建议。考虑到我国计划于 2017 年构建全国统一碳市场的现实背景，本章对北京市碳市场展开运行绩效评价研究是十分必要的，具有经验积累的意义与价值。

总而言之，立足于北京市可持续发展的主旨思想，从定性与定量结合的角度来综合评价北京市碳市场的运行绩效与成熟度变得十分重要与迫切，这不仅为北京市碳市场乃至全国碳市场的进一步发展提供宝贵的政策建议，也为北京市可持续发展奠定良好的基础。

7.3.2   综合评价指标体系的构建

本章基于对北京市碳市场进行全面的研究，建立了较适合碳市场建设评价的

综合评价指标体系，力图从北京市碳市场机制的运行成熟度及产生的绩效影响出发，来实现对北京市碳市场低碳发展过程中产生影响的全面阐述。

就北京市碳市场成熟度的评价，本章将从其碳市场的交易深度（累计交易量、累计交易额）、涵盖广度（控排企业），以及市场流动性（成交均价、日平均交易量）来进行深入分析。就碳市场产生的绩效问题，将从其带来的社会效益（就业人数、节能公司）、经济效益（人均 GDP 增速、工业企业 R&D 经费增加值、治污费用增加值）、减排效应（CDM 项目数、废气中主要污染物的排放减少量、履约率）来进行探索研究。指标构建详见表 7-3。

表 7-3　北京市碳市场运行绩效与成熟度评估指标体系

一级指标	二级指标	具体指标	指标说明及来源
北京市碳市场成熟度评估	碳市场的交易深度	累计交易额	碳市场运行程度的基本评估指标；参考《广东省生态文明与低碳发展蓝皮书》
		累计交易量	
	碳市场的涵盖广度	控排企业	
	市场流动性	成交均价	
		日平均交易量	
北京市碳市场绩效评价	社会效益	就业人数	社会经济学指标
		节能公司	
	经济效益	人均 GDP 增速	经济学评估指标
		工业企业 R&D 经费增加值	企业自身技术创新的评估；成本类指标
		治污费用增加值	成本类指标
	减排效应	CDM 项目数	节能减排指标；参考《基于多目标决策的节能减排绩效评估》
		废气中主要污染物的排放减少量	减排指标；参考同上
		履约率	碳市场运行程度的基本评估指标

7.3.3　建立基于变异系数法的 TOPSIS 模型

关于碳市场运行绩效与成熟度评价的研究，大部分学者运用不同的方法展开评价，如综合指标法、主成分分析法、多目标决策法与变异系数法等。Brockett 等（1986）运用 DEA 进行有效评价的阐述。郭晓丹（2011）、徐光华等（2014）采用 DEA 解决不同领域的减排绩效评价问题。张伟伟等（2014）针对跨国面板数据采用可行广义最小二乘法估计，进行国际碳市场减排绩效评价的研究。贾宏俊等（2010）采用系统的绩效评价体系对建筑业低碳经济政策进行成熟度评价。

其中，逼近理想点（technique for order preference by similarity to ideal solution，TOPSIS）模型作为一种广泛使用的多目标决策方法，相对于传统的用于评价问题的多元统计方法来说具有分析原理直观、对样本量要求不大等特点。匡海波和陈树文（2007）建立了基于熵权 TOPSIS 的港口综合竞争力评价模型，揭示了影响港口竞争力的主要因素。朱建德等（2008）运用 TOPSIS 对我国 31 个省、直辖市、自治区（香港、澳门、台湾除外）的建筑业经济效益进行评价，并为建筑部门实施宏观调控提供参考。吴小庆等（2008）运用 TOPSIS 方法对苏州高新区、苏州工业园区生态工业园和无锡新区生态工业示范园区的循环经济进行综合评价，并针对各园区存在的不足提出了相应的改进和发展建议。王钰娟（2009）基于组合赋权和改进 TOPSIS 对我国经济进行评价研究。张军和梁川（2009）为了更好地进行多目标评价，提出了一种水质评价的改进 TOPSIS 模型。徐建新等（2012）基于熵权与改进 TOPSIS 模型的结合对地下水资源承载力进行了评价。李灿等（2013）基于熵权 TOPSIS 模型对土地利用绩效展开了评价。李玉民等（2014）运用层次分析法（AHP）和 TOPSIS 构建了评价模型，对物流园区综合竞争力进行了深入评价。总而言之，学者在各种评价问题中惯于采用 TOPSIS 模型法，针对该方法权重确定的主观性缺陷，本章将采用变异系数法来解决此问题，构建基于变异系数法的 TOPSIS 模型，进行碳市场评价。因此基于多目标决策评价的 TOPSIS 模型法，结合当前虽已运行一段时日，但针对其研究依旧较少的北京市碳市场展开运行绩效及成熟度评估研究，本章试图从定量角度对其进行分析。

TOPSIS 是一种多目标决策方法，由 C. L. Hwang 和 K. S. Yoon 于 1981 年首次提出。TOPSIS 借助于多目标决策问题的"理想解"和"负理想解"的相对接近程度来排序，以确定各方案的优劣，将各方案的理想解和负理想解进行比较，若某一方案最接近理想解又远离负理想解，则该方案就是方案集中的最优方案。

设碳试点竞争力评价有 n 个目标、指标、因素等$(D_1, D_2, \cdots, D_n)$，m 个被评价的对象即碳试点$(M_1, M_2, \cdots, M_m)$，碳试点 $M_i(i = 1, 2, \cdots, m)$ 在目标 $D_j(j = 1, 2, \cdots, n)$ 下取值为 M_{ij}，则决策矩阵为

$$(\boldsymbol{M}_{ij})_{m \times n} = \begin{pmatrix} M_{11} & M_{21} & \cdots & M_{m1} \\ M_{12} & M_{22} & \cdots & M_{m2} \\ \vdots & \vdots & & \vdots \\ M_{1n} & M_{2n} & \cdots & M_{mn} \end{pmatrix} \tag{7-1}$$

原始指标数据矩阵 $(\boldsymbol{M}_{ij})_{m \times n}$ 的每项 M_j 指标值 M_{ij} 的差距越大，则该指标在综合评价中所起的作用就越大；根据各指标的差异程度，利用变异系数法可计算

各指标的权重。具体步骤如下。

（1）各个指标归一化。计算第 j 项指标下第 i 个碳试点竞争力指标值的相对比例 P_{ij}，其公式为

$$P_{ij} = M_{ij} \Big/ \sum_{j=1}^{n} M_{ij} \qquad (7\text{-}2)$$

可得到原始指标数据矩阵 $(M_{ij})_{m \times n}$ 的规范化矩阵 $(P_{ij})_{m \times n}$。

（2）利用变异系数法，计算第 j 项指标的权重。

$\mathrm{CV}_j = \sigma_{X_j} / \overline{X}_j$，计算各指标的变异系数，各指标的标准差除以均值。

$W_j = \mathrm{CV}_j \Big/ \sum_{j=1}^{n} \mathrm{CV}_j$，根据各指标变异系数所占的比例确定权重。

（3）构造加权规范化矩阵。

（4）确定理想解和负理想解。

$$V^+ = \{ (\max_{1 \leqslant j \leqslant m} v_{ij} \mid j \in J_1), (\min_{1 \leqslant j \leqslant m} v_{ij} \mid j \in J_2) \mid i = 1, 2, \cdots, m \} \qquad (7\text{-}3)$$

$$V^- = \{ (\min_{1 \leqslant j \leqslant m} v_{ij} \mid j \in J_1), (\max_{1 \leqslant j \leqslant m} v_{ij} \mid j \in J_2) \mid i = 1, 2, \cdots, m \} \qquad (7\text{-}4)$$

其中，J_1 为效益型指标集；J_2 为成本型指标集；V^+ 为效益型指标集的正理想解和负理想解；V^- 为成本型指标集的正理想解和负理想解。

（5）计算距离。评价对象与正理想解和负理想解的距离分别为

$$d_i^+ = \left[\sum_{j=1}^{n} (v_{ij} - v_j^+)^2 \right]^{1/2}, \quad i = 1, 2, \cdots, m \qquad (7\text{-}5)$$

$$d_i^+ = \left[\sum_{j=1}^{n} (v_{ij} - v_j^-)^2 \right]^{1/2}, \quad i = 1, 2, \cdots, m \qquad (7\text{-}6)$$

（6）确定相对接近度。评价对象与理想解的相对接近度为

$$C_i = \frac{d^{\pm}}{d_i^+ + d_j^+}, i = 1, 2, \cdots, m \qquad (7\text{-}7)$$

根据相对接近度大小，对评价对象进行排序，C_i 越小表明第 i 个被评对象越优。

7.4　北京市碳市场发展的绩效与成熟度评估

7.4.1　综合能力评价较好，位居试点排序第二

综合评价而言，大部分碳交易试点的综合成熟度与绩效评价结果相差并不是

很大，排序的名次间相差的理想值距离平均为 4.6%。湖北碳试点的综合评价最高，与正理想值的距离几乎为零，深究其碳市场建设情况，发现湖北较好的综合表现得益于其大量及频繁的市场交易，以及由此带来环境、社会、减排效益，因此其指标值表现均为良好。由此可以看出，湖北省碳试点大量及频繁的市场交易使其在整体碳试点中表现突出，值得北京市试点在建设与发展中学习与借鉴，以便进一步完善自身发展。

北京市碳市场的低碳发展建设效果略低于湖北省，而较其他碳试点表现好，实现了碳试点建设中综合能力第二的地位，但是深究其各项指标，发现北京市各项评价指标距其理想值的偏离程度均较大，与正理想值的距离最大，为 1.22，与负理想值的距离也不接近。由此可以看出，北京市虽然综合情况表现较为良好，但仍有较大的发展空间，有待不断深化改革与进步，获取更好的市场表现与绩效。紧随其后的广东与上海，与北京存在相同的发展问题，都具备着较大的发展潜力，可以通过自身的努力实现更好的发展。重庆试点虽然开市较晚，但自身发展严重缺乏重视，交易量不断出现空白，履约期迟迟后延，这些滞后的交易表现与较差的运行绩效都有待于其自身的整改与完善，如表 7-4 所示。

表 7-4　碳试点综合评价结果

碳试点	正距离	负距离	相对接近度	排名
北京	1.22	0.33	0.789	2
上海	1.11	0.22	0.834	4
天津	0.82	0.08	0.907	6
重庆	0.90	0.01	0.985	7
深圳	1.03	0.16	0.864	5
广东	1.14	0.26	0.816	3
湖北	0.00	0.90	0.003	1

综合而言，北京市的碳试点综合表现良好，但基于其正负距离表现相当的现实情况，可以看出北京市碳试点还具备较大的改进潜力，在发展的过程中应努力避免出现交易频频空白、履约滞后的局面。

在综合研究了北京市碳市场的建设情况后，分别从运行成熟度及运行绩效两方面来深入地了解北京市碳市场建设，为北京市更好地完善与发展碳市场提供政策建议，同时为全国碳市场建设提供借鉴，也为北京低碳发展提供更好的道路指引与选择。

7.4.2　运行成熟度较低，市场流动性差

北京市碳市场的成熟度相对较差，以 0.81 的成绩位于第四，低于在综合评

价上并不占优势的广东与深圳。由此可见，北京虽然与它们经济发展水平相当，但是对低碳事业的发展及碳市场的建设关注度还是有所欠缺，累计交易量与平均日交易量表现一般，但是其成交均价与累计交易额却显著较高。因此北京市碳市场在配额分配环节、企业低碳发展意识及碳市场自由度方面存在相应的隐患，是北京市碳市场建设过程中亟待解决的难题。此外，湖北省仍以绝对逼近理想值的优势实现自身碳市场运行成熟度排序第一，这有待于北京碳市场发展深究借鉴。湖北省碳市场无论从交易量、交易额，还是从日平均交易量上都占据了绝对的优势，交易规模巨大，交易也十分频繁，碳价适中，避免了市场失调的难堪局面，值得北京碳试点发展借鉴。就广东与深圳而言，其得益于自身良好的交易规模表现，使其超越了北京市碳市场的成熟度，这也为北京市碳市场提供警醒的作用，如图 7-4 和表 7-5 所示。

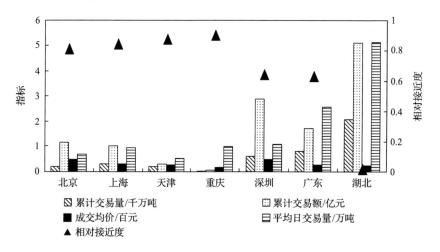

图 7-4　碳试点建设成熟度对比

表 7-5　碳试点运行成熟度对比

碳试点	正距离	负距离	相对接近度	排名
北京	0.12	0.03	0.81	4
上海	0.11	0.02	0.84	5
天津	0.12	0.02	0.88	6
重庆	0.13	0.01	0.90	7
深圳	0.10	0.05	0.64	3
广东	0.08	0.05	0.63	2
湖北	0.00	0.13	0.02	1

北京市的碳市场建设成熟度较其他试点而言，位居第四，表现一般，正距离

值较大。由此可见，北京市碳试点建设的成熟度还有待提升。就北京碳试点的交易深度而言，其交易量与交易额均表现平平，位居第四，这值得进一步发展与改善；就碳试点的涵盖广度而言，北京市碳试点的控排企业数量仅次于深圳，控排500 多家企业，2014 年实现二氧化碳同比 5.96% 的减排，由此可见北京碳试点的涵盖广度较优；就碳试点的市场流动性而言，其平均日交易量仅高于天津，低于其他的 5 个试点，交易频率较差，这还可以从其较高的碳价水平得以验证。由此可见，北京试点的流动性表现较差，有待改进与完善。总之，北京碳试点的交易规模及活跃程度都有待提升，争取实现如深圳、广东的交易规模，如湖北省在较大交易规模及频繁的交易状态下碳价仍然稳定适中的碳试点发展状态。

7.4.3 运行绩效水平较高，经济效益有待改善

就北京市的碳市场运行绩效而言，可以看出其绩效水平还是较高，以 0.788的相对接近度，位居各碳试点间第二，如图 7-5 和表 7-6 所示，由此可以看出北京市碳市场在综合评价较高的基础上，运行绩效的表征良好，这也是其整体评价较优的主要因素。得益于自身良好的区位优势，碳市场建设时人员配置较多，解决了一定的就业问题，节能服务的公司建设数量以 448 所位居各碳试点间首位，这样从硬件环境的打造上既提供了福利也获取了好的机遇，从而更好地为建设碳市场服务。此外，自身的工业污染治理投入情况也较为良好，在一定程度上实现了自身日益增加的高履约率水平，使得本市的重点排放单位在 2014 年有效减排。这具有极大的鼓舞意义，有待进一步去延续及更努力地实现低碳发展。就一直表现良好的湖北省而言，其工业企业中科研投入经费比例是最大的，因此实现了较

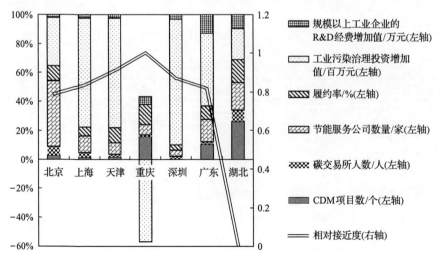

图 7-5　碳试点运行绩效评估结果

好的减排效果,CDM 项目数最多,这有助于提醒北京在科研投入上下更大的工
夫。此外,就重庆而言,低碳发展的意识十分淡薄,工业污染治理投资负增长,
碳市场人员配置及节能公司最少,如此低投资的低碳发展事业,导致了其履约频
频出现推后,履约率仅为 70% 的局面。因此,为了避免遭遇重庆市碳市场的窘
境,北京市理应加大自身对于低碳环保事业的投入,这样才能更快、更持久地迈
向低碳发展的前进之路。

表 7-6　碳试点运行绩效评估结果

碳试点	正距离	负距离	相对接近度	排名
北京	1.21	0.33	0.788	2
上海	1.10	0.22	0.834	4
天津	0.81	0.08	0.908	6
重庆	0.89	0.00	1.000	7
深圳	1.03	0.15	0.870	5
广东	1.14	0.25	0.818	3
湖北	0.00	0.89	0.000	1

总之,北京市碳试点运行产生的绩效较好,相对接近度较小,排名第二,但
是进一步研究北京碳试点的正负距离,北京市与理想值的距离还是较大,因此,
北京市在碳试点的运行绩效中仍有改进的潜力。这有待更加深入的分析与探索,
从社会效益而言,北京市碳试点提供的就业岗位最多,关于节能减排的相关机构
发展得也较好;从经济效益而言,北京市的经济增速显著低于大部分试点城市,
这可能受到强化减排的抑制作用及大的经济环境的影响,此外,它的工业污染治
理投资增加值、规模以上工业企业的 R&D 经费增加值都是最少的。北京市碳试
点应该积极吸取湖北碳试点的发展经验,加大对于已发生污染的治理及增加对于
企业进行技术升级与创新的科研投入,主动从源头实现节能减排;就北京碳试点
的减排效益而言,废气中主要污染物的减排效果是试点间最好的,履约率也是试
点中 100% 的履约者之一,但是 CDM 项目较少,有待于北京碳市场建设的进一
步完善。

7.4.4　交易深度与减排效果的评价意义最大

就综合权重而言,污染物排放的减少量、交易额、交易量三个指标权重较
大,在各碳试点间的变动幅度较大,这也可以看出在不同强度号召下的低碳发展
是存在一定差别的,对于减少污染物的排放更是起到直接的推动作用,而不同地
区碳市场的投入与建设及地区间的低碳发展意识、配额制度都对碳市场的发展起
到相应的作用,北京市作为我国的首都,理应起到相应的表率作用,积极推进低

碳发展，为我国推行节能减排、低碳可持续发展事业奠定良好的基础。图7-6为北京市碳市场运行评价分析的指标权重构成。

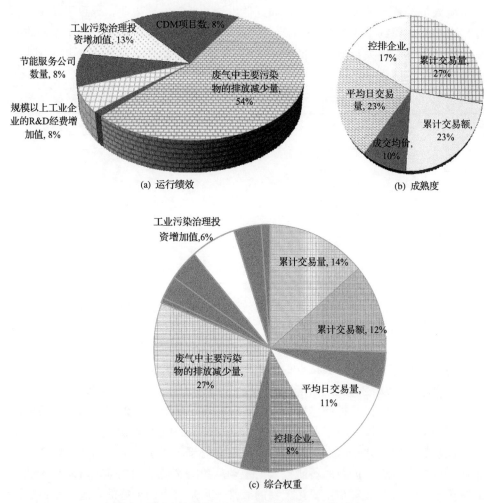

(a) 运行绩效　　　　　　　　　(b) 成熟度

(c) 综合权重

图 7-6　北京市碳市场运行评价分析的指标权重构成

　　就碳市场机制成熟度评价的指标影响权重而言，累计交易量与累计交易额、平均日交易量无疑是决定性因素，因此，增加交易、频繁交易都是十分有益的。就碳市场运行绩效的评价指标而言，污染物排放的减少量与工业污染治理投资具有较大的影响力，因而把握好自身减排与碳市场调节的关系，将更有利于北京市及全国低碳事业的发展。

　　总之，就北京市碳市场的试点建设评价而言，发展较有效，综合能力评价较高，在试点间排名靠前。就北京市碳市场的运行成熟度与绩效两方面而言，其运行成熟度偏低，总体表现为市场流动性较差；北京市碳市场的运行绩效表现较好，解决就业人数最多，减排效果较好，但是经济效益减排投入表现不佳。就北京市碳市场建设的评价意义而言，交易深度与减排效果所起作用最大。因此，加大科技研发投入、活跃北京市碳市场交易将成为北京市碳市场未来发展建设的核心动力。

参 考 文 献

安红霞.2011.科学发展观视角下的低碳经济发展路径研究.北京:北京交通大学.

北京市统计局.2001.北京统计年鉴2000.北京:中国统计出版社.

北京市统计局.2002.北京统计年鉴2001.北京:中国统计出版社.

北京市统计局.2003.北京统计年鉴2002.北京:中国统计出版社.

北京市统计局.2004.北京统计年鉴2003.北京:中国统计出版社.

北京市统计局.2005.北京统计年鉴2004.北京:中国统计出版社.

北京市统计局.2006.北京统计年鉴2005.北京:中国统计出版社.

北京市统计局.2007.北京统计年鉴2006.北京:中国统计出版社.

北京市统计局.2008.北京统计年鉴2007.北京:中国统计出版社.

北京市统计局.2009.北京统计年鉴2008.北京:中国统计出版社.

北京市统计局.2010.北京统计年鉴2009.北京:中国统计出版社.

北京市统计局.2011.北京统计年鉴2010.北京:中国统计出版社.

北京市统计局.2012.北京统计年鉴2011.北京:中国统计出版社.

北京市统计局.2013.北京统计年鉴2012.北京:中国统计出版社.

北京市统计局.2014.北京统计年鉴2013.北京:中国统计出版社.

北京市统计局.2015.北京统计年鉴2014.北京:中国统计出版社.

陈关聚.2014.中国制造业全要素能源效率及影响因素研究-基于面板数据的随机前沿分析.中国软科学,1:
180-192.

陈海燕,蔡嗣经.2006.北京工业终端能源消费变化的分解研究.中国能源,28(12):28-30.

陈卫东,吴丹.2014.基于W-T模型和复杂网络的能源产业布局分析.电子设计工程,15:4-7.

陈月霞,陈龙,查奇芬.2015.镇江城市交通微观主体碳排放测度.江苏大学学报:自然科学版,(6):
645-649.

崔大鹏.2005.国际气候合作的政治经济学分析.北京:商务印书馆.

樊静丽,廖华,梁巧梅,等.2010.我国居民生活用能特征研究.中国能源,32(8):33-36.

范玲,汪东.2014.我国居民间接能源消费碳排放的测算及分解分析.生态经济,30(7):28-32.

房斌,关大博,廖华,等.2011.中国能源消费驱动因素的实证研究:基于投入产出的分解分析.数学的时间与
认识,41(2):66-77.

冯超,马光文.2013.WT模型在地区低碳工业主导产业选择中的应用.水电能源科学,(7):250-252,245.

付萌,章永洁,叶建东,等.2014.北京市碳交易试点市场分析及其发展现状研究.科技和产业,14(9):61-63.

付艳.2014.能源消费、能源结构与经济增长的灰色关联分析.工业技术经济,(5):153-160.

付允,汪云林,李丁.2008.低碳城市的发展路径研究.科学对社会的影响,(2):5-10.

高鹏飞,陈文颖.2002.碳税与碳排放.清华大学学报(自然科学版),42(10):1335-1338.

郭晓丹.2011.基于环境DEA方法的碳减排放绩效评价.合肥:中国科学技术大学.

郭志军,李飞,覃巍.2007.中国产业结构变动对能源消费影响的协整分析.中国工业经济,26(11):97-101.

国家统计局.2001.中国统计年鉴2000.北京:中国统计出版社.

国家统计局.2002.中国统计年鉴2001.北京:中国统计出版社.

国家统计局.2003.中国统计年鉴2002.北京:中国统计出版社.

国家统计局. 2004. 中国统计年鉴 2003. 北京:中国统计出版社.

国家统计局. 2005. 中国统计年鉴 2004. 北京:中国统计出版社.

国家统计局. 2006. 中国统计年鉴 2005. 北京:中国统计出版社.

国家统计局. 2007. 中国统计年鉴 2006. 北京:中国统计出版社.

国家统计局. 2008. 中国统计年鉴 2007. 北京:中国统计出版社.

国家统计局. 2009. 中国统计年鉴 2008. 北京:中国统计出版社.

国家统计局. 2010. 中国统计年鉴 2009. 北京:中国统计出版社.

国家统计局. 2011. 中国统计年鉴 2010. 北京:中国统计出版社.

国家统计局. 2012. 中国统计年鉴 2011. 北京:中国统计出版社.

国家统计局. 2013. 中国统计年鉴 2012. 北京:中国统计出版社.

国家统计局. 2014. 中国统计年鉴 2013. 北京:中国统计出版社.

国家统计局. 2015. 中国统计年鉴 2014. 北京:中国统计出版社.

国家统计局能源统计司. 2015. 中国能源统计年鉴 2014. 北京:中国统计出版社.

韩红珠,王小辉,马高. 2015. 陕西省能源消费碳排放及影响因素分析. 山东农业科学,(1):82-87.

何晓萍,刘希颖,林艳苹. 2009. 中国城市化进程中的电力需求预测. 经济研究,1:118-130.

贺灿飞,王俊松. 2009. 经济转型与中国省区能源强度研究. 地理科学,29(4):461-469.

贺菊煌,沈可挺,徐嵩龄. 2002. 碳税与二氧化碳减排的 CGE 模型. 数量经济技术经济研究,19(10):39-47.

胡鞍钢. 2008. 通向哥本哈根之路的全球减排路线. 当代亚太,(6):22-38.

胡军峰,赵晓丽,欧阳超. 2011. 北京市能源消费与经济增长关系研究. 统计研究,28(3):79-85.

胡秋阳. 2014. 回弹效应与能源效率政策的重点产业选择. 经济研究,(2):128-140.

黄蕾,谢奉军,杨程丽,等. 2014. 基于 W-T 模型的区域低碳主导产业评价与选择——以低碳试点城市南昌的工业产业为例. 生态经济,30(10):50-56.

黄思宁,薛婷. 2013. 北京工业转型升级进程及比较研究. 调研世界,(12):13-16.

贾宏俊,米帅,李怀亮. 2010. 低碳经济政策绩效评价研究. 建筑经济,5:42-45.

姜砺砺. 2010. 当今二氧化碳减排措施的综合分析与比较. 能源研究与信息,26(1):15-20.

金艳鸣. 2011. 我国各省电力工业碳排放现状与趋势分析. 能源技术经济,23(10):56-60.

匡海波,陈树文. 2007. 基于熵权 TOPSIS 的港口综合竞争力评价模型研究与实证. 科学学与科学技术管理,10:157-162.

李灿,张凤荣,朱泰峰,等. 2013. 基于熵权 TOPSIS 模型的土地利用绩效评价及关联分析. 农业工程学报,5:217-227.

李凯杰,曲如晓. 2012. 技术进步对碳排放的影响——基于省际动态面板的经验研究. 北京师范大学学报(社会科学版),(5):129-139.

李连成,吴文化. 2008. 我国交通运输业能源利用效率及发展趋势. 综合运输,3:16-20.

李姝,姜春海. 2011. 战略性新兴产业主导的产业结构调整对能源消费影响分析. 宏观经济研究,(1):36-40.

李晓华,廖建辉. 2014. 大都市工业发展的战略选择——以北京为例. 区域经济评论,(4):20-29.

李晓燕,邓玲. 2010. 城市低碳经济综合评价探索-以直辖市为例. 现代经济探讨,(2):82-85.

李秀香,张婷. 2004. 出口增长对我国环境影响的实证分析. 国际贸易问题,(6):11-13.

李艳梅,张雷. 2008. 中国居民间接生活能源消费的结构分解分析. 资源科学,30(6):890-895.

李玉民,郭利利,刘旻哲. 2014. 基于 AHP-TOPSIS 的物流园区综合竞争力评价模型研究. 郑州大学学报(工学版),35(6):125-128.

林伯强. 2003. 电力消费与中国经济增长:基于生产函数的研究. 管理世界,2003,(11):18-27.

林伯强,蒋竺均.2009.中国二氧化碳的环境库兹涅茨曲线预测及影响因素分析.管理世界,(4):27-36.

林柯,郭政言.2013.低碳约束下甘肃省工业产业发展路径研究.科学经济社会,(4):59-64.

林文斌,刘滨.2015.中国碳市场现状与未来发展.清华大学学报(自然科学版),55(12):1316-1323.

柳下正治.2007.脱温暖化社会政策课题报告.东京:上智大学大学院地球环境学研究科.

陆家亮,赵素平.2013.中国能源消费结构调整与天然气产业发展前景.天然气工业,33(11):9-15.

罗泽举,王崇举,黄正洪,等.2010.W-T模型的战略产业选择研究.重庆大学学报(社会科学版),16(6):27-32.

马晓微,崔晓凌.2012.北京市终端能源消费及碳排放变化影响因素.北京理工大学学报:社会科学版,14(5):1-5.

苗君强.2014.资源型城市低碳生态转型的建设路径研究.天津:天津大学.

綦建红,陈小亮.2011.进出口与能源利用效率:基于中国工业部门面板数据的实证研究.南方经济,29(1):14-25.

仇焕广,严健标,江颖,等.2015.中国农村可再生能源消费现状及影响因素分析.北京理工大学学报(社会科学版),17(3):10-15.

邵帅,杨莉莉,曹建华.2010.工业能源消费碳排放影响因素研究——基于STIRPAT模型的上海分行业动态面板数据实证分析.财经研究,36(11):16-27.

师华定,齐永青,梁海超,等.2010.电力行业温室气体排放核算方法体系研究.气候变化研究进展,6(1):40-46.

施凤丹.2008.中国工业能耗变动原因分析.系统工程,26(4):55-60.

苏明,傅志华,许文,等.2009.我国开征碳税的效果预测和影响评价.经济研究参考,(72):24-28.

孙敏.2012.山西转型背景下低碳经济发展路径研究.太原:山西财经大学.

谭忠富,于超.2008.基于DEA的中国能源消费结构效率实证研究.华东电力,36(9):1-4.

汪曾涛.2009.碳税在我国实施的模拟分析与优化选择.上海:上海财经大学.

王班班,齐绍洲.2014.有偏技术进步、要素替代与中国工业能源强度.经济研究,(2):115-127.

王兵,吴延瑞,颜鹏飞.2010.中国区域环境效率与环境全要素生产率增长.经济研究,(5):95-109.

王锋,吴丽华,杨超.2010.中国经济发展中碳排放增长的驱动因素研究.经济研究,(2):123-136.

王金南,严刚,姜克隽,等.2009.应对气候变化的中国碳税政策研究.中国环境科学,29(1):101-105.

王文举,向其凤.2014.中国产业结构调整及其节能减排潜力评估.中国工业经济,(1):44-56.

王彦佳.2010.实践低碳经济:兼顾GDP创造和CO_2排放.WTO经济导刊,(2):37-39.

王钰娟.2009.基于组合赋权和改进TOPSIS的经济评价研究.大连:大连理工大学.

王曾.2010.人力资本、技术进步与CO_2排放关系的实证研究——基于中国1953—2008年时间序列数据的分析.科技进步与对策,27(22):4-8.

王中英,王礼茂.2006.中国经济增长对碳排放的影响分析.安全与环境学报,10(6):88-91.

魏涛远,格罗姆斯洛德.2002.征收碳税对中国经济与温室气体排放的影响.世界经济与政治,(8):47-49.

魏巍贤,杨芳.2010.技术进步对中国二氧化碳排放的影响.统计研究,27(7):36-44.

魏一鸣,刘兰翠,范英,等.2008.中国能源报告2008:碳排放研究.北京:科学出版社.

吴辉.2011.低碳经济背景下的新能源技术经济范式研究.四川理工学院学报:社会科学版,26(3):101-105.

吴开亚,郭旭,王文秀,等.2013.上海市居民消费碳排放的实证分析.长江流域资源与环境,22(5):535-543.

吴文化.2001.中国交通运输效率评价体系研究分析.综合运输,2:37-39.

吴向阳.2013.北京碳排放交易配额设置与市场监管研究.现代商业,10:78-79.

吴小庆,王远,刘宁,等. 2008.基于生态效率理论和 TOPSIS 法的工业园区循环经济发展评价.生态学杂志,
　　12;2203-2208.

吴晓蔚,朱法华,杨金田,等.2010.火力发电行业温室气体排放因子测算.环境科学研究,23(2);170-176.

吴燕,王效科,逯非. 2012.北京市居民食物消费碳足迹.生态学报,32(5);1570-1577.

徐光华,赵雯蔚,黄亚楠.2014.基于 DEA 的企业减排投入与产出绩效评价研究.审计与经济研究,1;
　　103-110.

徐建新,樊华,胡笑涛.2012.熵权与改进 TOPSIS 结合模型在地下水资源承载力评价中的应用.中国农村水
　　利水电,2;30-37.

杨芳.2010.中国低碳经济发展:技术进步与政策选择.福建论坛(人文社会科学版),(2);73-77.

杨正东.2013.北京市碳排放权交易市场可持续发展研究.北京工业大学学报(社会科学版),13(2);24-29.

尹嘉慧.2014. 能源消费结构对中国能源安全影响力研究.天津:天津商业大学.

约瑟夫·斯蒂格利茨.2010.全球大变暖:气候经济、政治与伦理.张曦风,译.北京:社会科学文献出版社.

曾波,苏晓燕. 2006.中国产业结构变动的能源消费影响——基于灰色关联理论和面板数据计量分析.资源
　　与产业,8(3);109-112.

曾刚.2009.碳税和碳交易　中国该选哪个.当代金融家,11.

张虎彪. 2014.关于我国居民消费碳排放影响的研究综述.成都理工大学学报:社会科学版,(1);48-54.

张军,梁川.2009.基于灰色关联系数矩阵的 TOPSIS 模型在水环境质量评价中的应用.四川大学学报(工程
　　科学版),41(4);97-101.

张坤民.2008.低碳经济论.北京:中国环境科学出版社.

张梦斯.2015.京津冀地区碳排放因素分解及低碳经济发展路径研究.北京:北京理工大学.

张咪咪,陈天祥.2010. 我国居民生活完全碳排放的测算及影响因素分析. 第三届中国统计学年会.武汉:中
　　南财经政法大学.

张宁.2010a.我国开征碳税的必要性和可行性.合作经济与科技,(15);100-101.

张宁.2010b.应对碳关税.中国经贸,(Z1);64-68.

张伟伟,祝国平,张佳睿.2014 国际碳市场减排绩效经验研究.财经问题研究,12;35-40.

张馨,牛叔文,赵春升,等.2011.中国城市化进程中的居民家庭能源消费及碳排放研究. 中国软科学,(9);
　　65-75.

张喆,罗泽举. 2011. 基于 W-T 模型的工业战略产业选择——以甘肃为例. 西安财经学院学报,24(1);
　　52-56.

赵金煜,信春华. 2012. 基于 Weaver-Thomas 组合指数模型的区域主导产业选择研究——以山东省威海市
　　为例.中国经贸导刊,(8);20-22.

赵进文,范继涛.2007.经济增长与能源消费内在依从关系的实证研究.经济研究,(8);31-42.

赵晓丽,欧阳超.2008.北京市经济结构与能源消费关系研究.中国能源,30(3);21-24.

赵晓丽,杨娟.2009.影响全国与北京工业能源消费的关键要素对比分析.中国能源,31(5);19-25.

郑若娟,王班班.2011.中国制造业真实能源强度变化的主导因素——基于 LMDI 分解法的分析.经济管理,
　　(10);23-32.

中国低碳经济发展路径研究课题组.2009.中国发展低碳经济途径研究:国合会政策研究报告.北京:中国环
　　境与发展国际合作委员会.

中国电力年鉴网.2015. [2015-12-25]. http;//hvdc. chinapower. com. cn/membercenter/yearbookcenter/.

周剑,何建坤.2008.北欧国家碳税政策的研究及启示.环境保护,(22);70-73.

周新军.2010.交通运输业能耗现状及未来走势分析.中外能源,7;9-18.

朱建德, 任俊娟. 2008. 基于 TOPSIS 法的建筑业经济效益评价. 现代企业教育, 24: 131-132.

Ang B W. 2004. Decomposition analysis for policymaking in energy: Which is the preferred method. Energy Policy, 32(9): 1131-1139.

Ang B W. 2005. The LMDI approach to decomposition analysis: A practical guide. Energy Policy, 33(7): 867-871.

Ang B W, Zhang F Q, Choi K H. 1998. Factorizing changes in energy and environmental indicators through decomposition. Energy, 23(6): 489-495.

Ang J B. 2007. CO₂ emissions, energy consumption, and output in France. Energy Policy, 35 (10): 4772-4778.

Apergis N, Payne J E. 2009. CO₂ emissions energy usage, and output in Central America. Energy Policy, 37(8): 3282-3286.

Bergman N, Eyre N. 2011. What role for microgeneration in a shift to a low carbon domestic energy sector in the UK. Energy Efficiency, 4(3): 335-353.

Bin S, Dowlatabadi H. 2005. Consumer lifestyle approach to US energy use and the related CO₂ emissions. Energy Policy, 33(2): 197-208.

BP. 2015. BP Statistical Review of World Energy 2015. London: BP.

Brockett P L, Charnes A, Paick K H. 1986. Computation of minimum cross entropy spectral estimates: An unconstrained dual convex programming method. IEEE Trans, 32(2): 236-242.

Cellura M, Longo S, Mistretta M. 2012. Application of the structural decomposition analysis to assess the indirect energy consumption and air emission changes related to Italian households consumption. Renewable and Sustainable Energy Reviews, 16: 1135-1145.

Cheng Y H, Chang Y H, Lu I J. 2015. Urban transportation energy and carbon dioxide emission reduction strategies. Applied Energy, 157: 953-973.

Chung W, Kam M S, Ip C Y. 2011. A study of residential energy use in Hong Kong by decomposition analysis, 1990-2007. Applied Energy, 88(12): 5180-5187.

Cole M A, Elliott R J R, Wu S S. 2008. Industrial activity and the environment in China: An industry-level analysis. China Economic Review, 19(3): 393-408.

Crosbie T. 2008. Household energy consumption and consumer electronics: The case of television . Energy Policy, 36(6): 2191-2199.

Dalton M, O'Neill B, Prskawetz A, et al. 2008. Population aging and future carbon emissions in the United States . Energy Economics, 30(2): 642-675.

Davis S J, Ken, C. 2010. Consumption-based accounting of CO₂ emissions. Proceedings of the National Academy of Sciences of the United States of America, 107(12): 5687-5692.

de Bruyn S M, van den Bergh J C J M, Opschoor J B. 1998. Economic growth and emissions: Reconsidering the empirical basis of environmental Kuznets curves. Ecological Economics, 25(2): 161-175.

Dhakal S. 2009. Urban energy use and carbon emissions from cities in China and policy implications. Energy Policy, 37(11): 4208-4219.

Dietz T, Rosa E A. 1994. Rethinking the environmental impacts of population, affluence and technology. Human Ecology Review, 1: 277-300.

Ehrlich P R, Holdren J P. 1971. Impact of population growth. Science, 171(3977): 1212-1217.

Feng K, Hubacek K, Guan D. 2009. Lifestyles, technology and CO₂ emissions in China: A regional comparative analysis. Ecological Economics, 69(1): 145-154.

Feng Z H, Zou L L, Wei Y M. 2011. The impact of household consumption on energy use and CO_2 emissions in China. Energy, 36(1): 656-670.

Fischer C, Parry I W H, Pizer W A. 2003. Instrument choice for environmental protection when technological innovation is endogenous. Journal of Environmental Economics and Management, 45 (3):523-545.

Franco S, Mandla V R. 2014. Analysis of road transport energy consumption and emissions: A case study. International Journal of Energy, 8(3):341-355.

Hoel M, Karp L. 2002. Taxes vs Quotas for a stock pollutant. Resource and Energy Economics, 24(4):367-384.

IEA. 2015. World Energy Outlook 2015. Paris: International Energy Agency(IEA).

IPCC. 2007. Climate Change 2007: The Fourth Assessment Report of the Intergovernmental Panel on Climate Change. Cambridge: Cambridge University Press.

Karp L, Zhang J. 2005. Regulation of stock externalities with correlated abatement costs. Environmental and Resource Economics, 32:273-300.

Kawase R, Matsuoka Y, Fujino J. 2006. Decomposition analysis of CO_2 emission in long-term climate stabilization scenarios. Energy Policy, 34:17-19.

Keohane N O. 2009. Cap and trade, rehabilitated: Using tradable permits to control U. S. greenhouse gases. Review of Environmental Economics and Policy, 3(1):42-62.

Kerkhof A C, Benders R M J, Moll H C. 2009. Determinants of variation in household CO_2 emissions between and within countries. Energy Policy, 37(4): 1509-1517.

Kramer K J, Moll H C, Nonhebel S, et al. 1999. Greenhouse gas emissions related to dutch food consumption. Energy Policy, 27(4): 203-216.

Lescaroux F. 2013. Industrial energy demand, a forecasting model based on an index decomposition of structural and efficiency effects. OPEC Energy Review, 37(4):477-502.

Lin S J, Lu I J, Lewis C. 2007. Grey relation performance correlations among economics, energy use and carbon dioxide emission in Taiwan. Energy Policy, 35(3):1948-1955.

Liu L C, Fan Y, Wu G, et al. 2010. Using LMDI method to analyze the change of China's industrial CO_2 emissions from final fuel use: An empirical analysis. Energy Policy, 35(11): 5892-5900.

Mahapatra S, Chanakya H N, Dasappa S. 2009. Evaluation of various energy devices for domestic lighting in India: Technology, economics and CO_2 emissions. Energy for Sustainable Development, 13(4): 271-279.

Munksgaard J, Pedersen K A, Wien M. 2000. Impact of household consumption on CO_2 emissions. Energy Economics, 22(4): 423-440.

Murray B, Newell R, Pizer W. 2009. Balancing Cost and Emission Certainty. Resources for the Future Discussion, 8-24.

Newell R, Pizer W. 2003. Regulating stock externalities under uncertainty. Journal of Environmental Economics and Management, 45:416-432.

Nordhaus W D. 2007. To tax or not to tax: Alternative approaches to slowing global warming. Review of Environmental Economics and Policy, 1(1):26-44.

Rosas-Flores J A, Rosas-Flores D, Galvez D M. 2011. Saturation, energy consumption, CO_2 emission and energy efficiency from urban and rural household's appliances in Mexico. Energy & Buildings, 43(43): 10-18.

Schipper L, Bartlett S, Hawk A D, et al. 1989. Linking life-styles and energy use: A matter of time. Annual Review of Energy, 14(1): 273-320.

Schuelke-Leech B A. 2014. Volatility in federal funding of energy R&D. Energy Policy,67: 943-950.

Shimada K,Tanaka Y,Gomi K, et al. 2007. Developing a long-term local society design methodology towards a low-carbon economy: An application to Shiga Prefecture in Japan. Energy Policy, 35 (9): 4688-4703.

Shrestha R M, Timilsina G R. 1996. Factors affecting CO_2 intensities of power sector in Asia: A Divisia decomposition analysis. Energy Economics, 18(4): 283-293.

Shrestha R M, Timilsina G R. 1997. SO_2 emission intensities of the power sector in Asia: Effects of generation-mix and fuel-intensity changes. Energy Economics, 19(3): 355-362.

Shrestha R M, Timilsina G R. 1998. A divisia decomposition analysis of NO_x emission intensities for the power sector in Thailand and South Korea. Energy, 23(6): 433-438.

Soytas U, Sari R, Ewing B T. 2007. Energy consumption, income, and carbon emissions in the United States. Ecological Economics, 62(s 3-4): 482-489.

Soytas U, Sari R. 2009. Energy consumption, economic growth, and carbon emissions: Challenges faced by an EU candidate member. Ecological Economics, 68(6): 1667-1675.

Tonooka Y, Liu J, Kondou Y, et al. 2006. A survey on energy consumption in rural households in the fringes of Xi'an city. Energy & Buildings, 38(11): 1335-1342.

Treffers D J,Faaij A P C, Spakman J. 2005. Exploring the possibilities for setting up sustainable energy systems for the long term visions for the Dutch energy system in 2050. Energy Policy,33(13):1723-1743.

Tsai M S, Chang S L. 2015. Taiwan's 2050 low carbon development roadmap: An evaluation with the MARKAL model. Renewable and Sustainable Energy Reviews, 49:178-191.

Wang Q. 2010. 2010 Energy Data. Beijing:The Energy Foundation(in Chinese).

Weber C L, Matthews H S. 2008. Quantifying the global and distributional aspects of American household carbon footprint. Ecological Economics, 66(s 2-3): 379-391.

Wei Y M, Liu L C, Fan Y, et al. 2007. The impact of lifestyle on energy use and CO_2 emission: An empirical analysis of China's residents. Energy Policy, 35(1): 247-257.

World Bank. 2015. World Development Indicators Database. Washington D. C. : World Bank.

Xu J H,Yi B W,Fan Y. 2006. A bottom-up optimization model for long-term CO_2 emissions reduction pathway in the cement industry:A case study of China. International Journal of Greenhouse Gas Control,44: 199-216.

Zha D, Zhou D, Peng Z. 2010. Driving forces of residential CO_2 emissions in urban and rural China: An index decomposition analysis. Energy Policy, 38(7): 3377-3383.

Zhang X P, Cheng X M. 2009. Energy consumption, carbon emissions, and economic growth in China. Ecological Economics, 68(10): 2706-2712.

Zhao C S,Niu S W, Zhang X. 2012. Effects of household energy consumption on environment and its influence factors in rural and urban areas. Energy Procedia, 14: 805-811.

Zhao X, Li N, Ma C. 2014. Residential energy consumption in urban China: A decomposition analysis. Energy Policy, 41(1): 644-653.